Didier Nordon

Deux et deux font-ils quatre?

Sur la fragilité des mathématiques

POUR LA SCIENCE

Pour la Science, 8, rue Férou 75278 Paris Cedex 06

http://www.pourlascience.fr

Couverture : Céline Lapert

 ISSN 0993-4812 ISBN 2-84245-011-6

Sommaire

Introduction

MÉLANGEONS LES GENRES !

Notre société attache plus de prix à l'acquisition de connaissances qu'à la réflexion sur le savoir ; la conception des programmes scolaires et des examens en témoigne. Ce choix a quelque chose d'oppressant : comment l'individu ne se sentirait-il pas tout petit face à l'immensité du savoir ? Avant de s'autoriser la moindre opinion, il doit apprendre, semble-t-il, apprendre sans fin... Du coup, intimidé, il ose à peine penser par lui-même.

Il existe pourtant un bon moyen de ne pas se laisser écraser par un savoir : c'est d'affirmer que nous en connaissons bien assez pour avoir le droit de critiquer. Par «critiquer», je n'entends pas dénigrer, mais insérer dans un cadre plus vaste, mettre en perspective, relativiser.

Cette pensée critique, je propose de l'appliquer ici aux mathématiques. Que signifient-elles pour ceux qui en font ? Quelle valeur ont-elles ? Quel éclairage apportent-elles et sur quoi ? Peuvent-elles fausser le regard ? Les questions de ce genre, socialement importantes (il suffit de considérer leur rôle dans l'enseignement et la sélection pour s'en convaincre), n'appellent naturellement pas les mêmes réponses selon qu'elles concernent une personne dont les mathématiques sont le métier, ou un lycéen qui a hâte de ne plus en faire. Elles ont néanmoins une légitimité et un sens pour le lycéen, pour le mathématicien ou pour n'importe qui d'autre.

Explorons donc la nature des mathématiques, leur rôle, leur importance, leur statut... en utilisant aussi peu de connaissances que possible. Le but sera atteint si, au terme de notre parcours, chacun se sent plus libre de son jugement et si, dans les pages qui suivent, le non-mathématicien découvre sous un jour inattendu une profession mal connue.

Défaut de spécialistes

Ce parcours sera nécessairement sinueux : si objectives soient les mathématiques, la façon dont on parle d'elles est subjective. Certains mathématiciens, par exemple, n'aiment que l'abstraction et proclament qu'appliquer les mathématiques est une compromission coupable avec l'industrie, la finance ou, pis encore, l'armée. D'autres, à l'inverse, apprécient ces applications et admirent l'étonnante adéquation des mathématiques au réel. Entre ces extrêmes, il y a autant de positions que de mathématiciens : question de subjectivité. Les commentateurs, eux aussi, sont partagés suivant leurs goûts : certains veulent faire une analyse philosophique des mathématiques ; d'autres, sociologique ; d'autres, historique ; d'autres encore, épistémologique...

Les adeptes d'une, et une seule, de ces démarches finissent souvent par mépriser les autres, par se croire plus objectifs qu'ils ne sont, bref par s'enrôler dans la guerre entre les disciplines, faite de rivalité et de dédain réciproque. Forçons à peine le trait : l'historien n'a d'autre but que d'en savoir le plus possible sur les conditions de la naissance d'une idée mathématique et sur son évolution ; le philosophe pense que l'essentiel n'est pas là, mais qu'on doit chercher à cerner la vérité (intemporelle) qu'exprime un concept ; le sociologue estime que la question de la vérité n'est pas pertinente, et il s'en tient à observer les réseaux de pouvoirs et les processus par lesquels les idées circulent dans les groupes humains. Finalement l'honnête homme, face aux contributions proposées par les diverses disciplines, n'est guère éclairé, tant est bancal l'ensemble qu'elles forment.

Mélange

Pour réfléchir aux mathématiques, la meilleure stratégie est l'utilisation de toutes les approches à la fois, fussent-elles contradictoires! Toutes sont bonnes, car aucune n'est la bonne : chacune doit pallier les défauts des autres. Les mathématiques sont multiples, et le milieu des mathématiciens aussi. Une image fidèle doit donc, elle-même, être multiple. On n'extrait pas les vérités les plus riches en creusant indéfiniment dans la même direction, mais en se ravisant sans cesse de façon à gagner une perspective nouvelle et, si possible, surprenante. Être déconcerté aide à voir les choses d'un œil neuf. Voilà pourquoi les chapitres suivants relèvent tantôt de l'essai, tantôt de la fiction. Les essais, à leur tour, mêlent philosophie, sociologie, histoire, voire simples observations. Éternel recommencement, le mélange des genres emprunte un outil ici, le repose pour en emprunter un autre là, le repose à son tour, etc. Pareil comportement évite le travers du spécialiste qui, utilisant un seul outil, finit par lui attacher plus de valeur qu'il n'en a : le philosophe, à force d'approfondir des concepts, oublie que le «concept profond» est peut-être un mythe dont il faut se méfier ; ou l'historien, à force de lire des textes anciens, perd le contact avec les mathématiques de son temps... Le mélange est une bonne méthode, parce qu'elle ne donne pas l'illusion d'être bonne !

Comme on peut raconter un pays dont on ne connaît pas la langue, on peut parler des mathématiques sans les comprendre. De toutes façons, vouloir les comprendre est un préalable impossible, car elles sont éclatées en mille branches, dont chacune exige une vie pour être maîtrisée. De ce point de vue, le philosophe est désavantagé sur l'écrivain : il ne peut, ni ne veut, analyser ce qu'il ne comprend pas, mais n'envisage pas de l'évoquer sur le mode de l'opinion, du sentiment, de l'impression, voire de l'anecdote.

Du cœur vers la périphérie

Le mélange des genres a des avantages théoriques, donc. Il a également celui de traduire quelques ambiguïtés qui me sont personnelles. Écrire sur les mathématiques ne signifie pas que je prétende avoir pénétré ce solennel édifice, ni que je me croie autorisé à m'adresser à ceux qui sont restés sur le seuil pour leur dire ce qu'ils doivent en penser. N'étant plus actif en recherche mathématique, je ne suis plus dans l'édifice lui-même, mais, ayant initialement choisi d'en faire mon métier, je ne suis pas non plus sur le seuil. Devenu de plus en plus réservé sur le rôle social des mathématiques, je garde néanmoins de l'admiration et du goût pour l'abstraction. Il y a là une ambivalence que le mélange des genres permet d'exprimer. Les fictions des chapitres 2, 4, 6, 7, 9 sont plus affectueuses et ironiques ; les essais des chapitres 1, 3, 5, 8 plus sérieux et sévères. Dans le texte, les fictions sont signalées par un liseré gris en marge.

Le mouvement de ce livre est parallèle à mon cheminement : de pratiquant des mathématiques, j'en suis devenu observateur ; partant des mathématiques, le livre prend de plus en plus de recul. Ainsi la première partie écoute les mathématiciens se parler ; la deuxième observe comment ils écrivent dans leurs publications internes ; la troisième montre comment ils se présentent au public, par leur enseignement et dans la culture ; la quatrième partie analyse le résultat de cette action, c'est-à-dire la façon dont on les perçoit. Parti de leur intimité, le livre va vers leur image publique.

Pourquoi la première partie n'étudie-t-elle pas ce qui est le plus intime, voire préalable à toute parole : penser ? Parce que ce n'est pas à moi, mais à ceux qui sont activement engagés dans la recherche mathématique, qu'il revient d'analyser cette dernière en tant que pensée.

2 +2 = 4

Le titre du livre «Deux et deux font-ils quatre ?» pourra intriguer. Je l'ai adopté parce que l'affirmation «deux et deux font quatre», loin d'être aussi simple qu'elle en a l'air, donne un exemple de la complexité des rapports que les mathématiques entretiennent avec les mots. En effet, à la question «Deux et deux font-ils quatre ?», un Allemand répondrait non : deux et deux ne *font* pas quatre ; en allemand, on dit *zwei und zwei ist vier*, deux et deux *est* quatre. Et, en espagnol, *dos y dos son cuatro* : deux et deux *sont* quatre. L'allemand met l'accent sur l'opération d'addition, l'espagnol sur la juxtaposition des objets, le français sur leur action mutuelle. Dès qu'on énonce la «vérité pure» écrite 2 + 2 = 4, on prononce des mots qui sont nécessairement chargés de nuances ; sitôt lue, la formule perd son apparente universalité. Il y a là une fragilité des mathématiques : elles subissent des nuances venues d'ailleurs, qu'elles contrôlent donc mal.

Dans un cas aussi simple que 2 + 2 = 4, on peut juger ces nuances mineures. Seulement, des difficultés analogues se présentent à tous les niveaux. Les mots mathématiques sont souvent issus du langage courant (nous verrons des exemples). Il arrive que les notions ainsi désignées soient influencées par le sens usuel des mots ; inversement, le sens mathématique des mots influence parfois leur sens usuel. Ces mots, à la fois extérieurs et intérieurs aux mathématiques, fournissent un bel observatoire pour comparer ce que les mathématiciens disent, ce qu'ils veulent dire, ce qu'on leur fait dire.

Somme toute, ce livre va considérer les mathématiques d'un point de vue «littéraire». Une telle approche permet d'aborder de nombreux problèmes tout en proposant des notations lisibles par tous.

Première partie

PARLER

Chapitre premier

PAROLES MATHÉMATIQUES

Si exotique paraisse-t-elle à certains, la vie des mathématiciens ressemble par un aspect essentiel à celle de tout le monde : ils se parlent. Leurs échanges oraux sont une importante source d'information, de réflexion, d'apprentissage. En écoutant les mathématiciens se parler, en les écoutant aussi se taire, on peut se faire une première idée de ce que sont les mathématiques.

Les paroles s'envolent, les écrits restent... Et les mathématiques font plus que rester : elles passent pour éternelles ; une fois démontré, un théorème est vrai pour toujours. Le titre de ce chapitre, «Paroles mathématiques», peut donc sembler étrange, un mariage des contraires. Il n'en est rien. Les mathématiques sont en fait comme toute œuvre humaine : confuses, mouvantes, contradictoires, hétérogènes. Elles ne cessent d'interpréter et de réinterpréter ; par exemple, au XVIIIe siècle, elles pensaient pouvoir décrire le monde physique à l'aide de fonctions dérivables, c'est-à-dire de fonctions qu'on peut représenter graphiquement par une courbe ayant une tangente en tout point ; aujourd'hui, elles estiment le non-dérivable plus fondamental. Elles-mêmes, sans cesse, sont à interpréter et à réinterpréter, selon que leur aspect de discours purement déductif et souverain l'emporte ou non sur leur caractère d'auxiliaire des sciences de la nature ; selon qu'elles s'accompagnent ou non de considérations esthétiques, métaphysiques, morales... L'essentiel n'est pas que les écrits mathématiques restent ; c'est la façon dont ils sont lus, compris, transmis. En cela, ils sont soumis à la parole, avec ce qu'elle peut avoir d'éphémère et de changeant. Le Dom Juan de Molière, plus proche en cela des Espagnols que des Français modernes, ne disait-il pas : «Je crois que deux et deux *sont* quatre» ?

D'autre part, les mathématiques ne cherchent pas avant tout à exprimer la réalité matérielle ; elles ont par rapport à cette dernière une relative autonomie. La place en leur sein de la création langagière, écrite ou orale, est grande. Les mathématiques ont quelque chose de «littéraire» : de façon plus décisive peut-être que les autres sciences, elles sont aidées par les mots ; et de façon plus grave peut-être que les autres sciences, elles sont parfois trompées par eux.

Précisons cela en décrivant deux phénomènes curieux, spécifiques, qui éclairent en outre le rapport entretenu par les mathématiques avec le monde matériel :

– le moment où le discours mathématique emporte la conviction est celui où il se tait, incapable de dire quoi que ce soit de plus ;

– beaucoup de termes spécialisés sont des mots usuels, concrets, auxquels les mathématiciens attribuent un sens savant ; ce dernier n'est pas sans lien avec le sens courant ; les mathématiciens ne peuvent éviter toute interférence entre sens usuel et sens savant, ce qui a des conséquences sur la façon dont ils se font comprendre.

Une évidence qui rend muet

Voyons d'abord comment la conviction s'accompagne du silence. Un jour, à Cambridge, le mathématicien Godfrey Hardy (1877-1947) faisait cours devant la poignée d'étudiants capables de le suivre. Le voilà qui écrit une énorme formule très compliquée au tableau, en disant : «C'est évident». Soudain, il s'interrompt. Visiblement, quelque chose ne va pas. Il se plonge dans une méditation intense et muette... Il lâche là ses étudiants, file dans son bureau, où on le voit marcher de long en large, en proie à la même méditation intense... Enfin, au bout de deux heures, il retourne dans la salle, avise la formule restée au tableau et déclare : «Oui, oui, bien sûr, elle est évidente». Puis il poursuit son cours sans plus d'explication !

Cette anecdote est sûrement apocryphe : le nom du héros varie selon le mathématicien qui la raconte. N'est-ce pas la preuve qu'elle est significative ? Les mathématiciens apprécient en elle la caricature d'une expérience qu'ils ont vécue, en particulier lorsqu'ils étaient élèves. Le professeur de mathématiques est celui qui, face à une formule incompréhensible, déclare en toute bonne foi : «C'est évident». Caricature mise à part, il y a un moment décisif dans une démonstration : le silence. Comprendre une démonstration, c'est percevoir une évidence. Or l'évidence n'apparaît qu'au bout d'un certain temps de maturation. Elle est à la fois une donnée et un processus muet.

Que les mathématiques reposent sur l'évidence, maints auteurs l'ont noté. «Je me plaisais surtout aux mathématiques, à cause de la certitude et de l'évidence de leurs raisons», dit René Descartes.[1] Aujourd'hui, le mathématicien René Thom écrit : «Une démonstration d'un théorème *(T)* peut se définir comme un chemin qui, partant de propositions empruntées au tronc commun et de ce fait intelligibles par tous, conduit par étapes successives à une situation psychologique telle que *(T)* y apparaît comme évident».[2] Pour être rigoureux, ce chemin doit se composer d'étapes dont chacune est «parfaitement claire à tout lecteur».

Méfions-nous du mot «évident». Il n'est synonyme ni de «visible» ni de «facile». On peut même soutenir que, plus une activité est abstraite, plus décisif est le rôle qu'y joue l'évidence. Expliquons-nous. Contrairement à ce que semble indiquer l'étymologie («évidence» vient du latin *videre,* voir), l'évidence est immatérielle, ne se voit pas. La présence d'un objet matériel visible ne relève pas de l'évidence, mais de la perception. Par exemple, supposons qu'un archéologue trouve un objet enfoui ; on dira qu'il l'a exhumé, ou découvert, pas qu'il l'a mis en évidence. En revanche, s'il interprète l'objet comme l'indice d'une conception du monde propre aux anciens qui l'utilisaient – conception qui est pour nous une construction abstraite –, alors on dira qu'il a su mettre en évidence cette conception. Et si, allant sonner chez lui, nous trouvons la bouteille de champagne en évidence sur la table, ce n'est pas tant la matérialité de la bouteille qui est évidente, qu'une idée derrière elle : l'archéologue donne à entendre qu'il est content de sa découverte et qu'il a l'intention de la fêter avec nous ! De même, dire que les physiciens ont mis en évidence le dernier quark inobservé ne signifie pas qu'ils l'ont matériellement exhibé, mais qu'ils ont fait

1 *Discours de la Méthode*, Première Partie.

2 *Mathématiques modernes et mathématiques de toujours*, in *Pourquoi la mathématique?*, ouvrage collectif, 10/18, 1974.

des expériences dont la seule interprétation concevable est l'existence de ce quark.

Toute pensée finit par buter sur l'évidence. Elle bute, c'est-à-dire qu'elle est amenée à accepter comme certaines et allant de soi ces affirmations que d'autres refuseront peut-être, ou seront incapables de percevoir. Pour le croyant, l'existence de Dieu est évidente ; pour l'athée, son inexistence. Il y a contradiction entre la notion d'évidence et le rôle que joue l'évidence. Au moment où je perçois une affirmation comme évidente, j'ai l'impression qu'elle l'est absolument, qu'elle est universellement vraie ; je ne puis concevoir qu'elle ne paraisse pas évidente à tout le monde. Pourtant, l'expérience montre qu'il n'y a pas deux individus qui partagent les mêmes évidences, et que les évidences changent avec le temps et le lieu. Il y a une part culturelle dans l'évidence.

Si toutes les pensées butent sur l'évidence, toutes ne réagissent pas de la même manière face à cette difficulté. Pour la philosophie, l'évidence reste toujours perçue comme un problème. Rétorquer à un philosophe que ce qu'il vient de présenter comme évident ne me paraît pas tel ne le choquera pas ; et il saura s'expliquer. Peut-être ne me convaincra-t-il pas, peut-être lui reprocherai-je un délayage stérile, mais je ne l'aurai pas réduit au silence. Le mathématicien, lui, n'aime pas développer. Il assimile les développements à une glose dépourvue de pertinence. L'évidence doit frapper, et il sera choqué que je puisse ne pas la percevoir. S'il a démontré $A = B$ et $B = C$, par exemple, et si je ne comprends pas qu'il en déduise $A = C$, il renoncera à m'expliquer. Pas forcément par mépris, mais, tout simplement, par impuissance. Cela, au niveau scolaire, car, à un niveau supérieur, on peut s'interroger sur les propriétés de l'égalité, et en venir à la conclusion qu'elles sont moins évidentes qu'elles n'en ont l'air. Peut-être, d'ailleurs, le rapprochement si souvent fait entre l'«homme supérieur» et le «demeuré» s'éclaire-t-il quand on observe que ces deux types ont en commun de ne pas tenir pour évident ce que l'homme moyen tient pour tel.

Le trouble que suscite l'évidence me semble perceptible dans les «Pourquoi ?» des jeunes enfants. S'ils répètent inlassablement cette question, dans des cas parfois où ils connaissent parfaitement la réponse, c'est peut-être leur façon d'exprimer que, certes, l'évidence a une force à laquelle on est contraint de se soumettre, mais que cela n'est pas satisfaisant. Se rendre à l'évidence n'est pas comprendre. Même face à l'évidence, la question «Pourquoi ?» reste. Tel point est évident, oui, mais pourquoi l'est-il ? Il faut que, derrière, il y ait autre chose, et qui soit plus nourrissant.

Lorsqu'un mathématicien expose oralement une démonstration, le moment où il estime avoir atteint l'évidence se manifeste par son silence. Une fois toutes les étapes «parfaitement claires», en effet, que dire de plus ? L'évident ne se prouve pas. La démonstration est bornée, bordée par l'évidence. Si les mathématiques voulaient aller au-delà, elles sortiraient de la démonstration. Elles s'y refusent : plutôt le silence que la glose ! De même, une démonstration écrite va droit à l'essentiel, évite toute fioriture.

L'évidence mathématique est muette, parce qu'elle doit «sortir du temps», c'est-à-dire cesser de s'inscrire dans le déroulement du discours. En effet, pour comprendre une démonstration, il ne suffit pas de comprendre les étapes successivement, au fur et à mesure que chacune se présente et est établie, car cette compréhension pas à pas ne dit pas pourquoi elles mènent au résultat. Il faut saisir leur ensemble d'un coup, pris dans une espèce de globalité instantanée. La démonstration est un tout qui ne prend sens que lorsqu'on perçoit dans leur simultanéité des résultats acquis à des moments divers. La formule «Tu vois ?» – fréquente lorsqu'un mathématicien parle à un collègue et s'interrompt pour s'assurer qu'il suit – peut paraître curieuse : comment voir une abstraction intangible ? Elle s'explique cependant. Pour comprendre, on doit s'émanciper du discours et du temps qu'exige son déroulement, et atteindre à une perception aussi immédiate que la vue. Cette tâche est parfois difficile. Comprendre chaque étape d'une démonstration sans saisir la démonstration elle-même est une expérience connue de tout mathématicien.

Ainsi les mathématiques sont un discours, et ce discours a une étrange propriété : il convainc au moment où il se tait, parce que, parvenu à l'évidence, il ne sait plus quoi dire. Le silence est un procédé oratoire connu ; bien employé, il peut susciter l'émotion. En mathématiques, le silence n'est pas un procédé ; il ne sollicite pas l'émotion, mais la raison : le temps de comprendre. (Dire que les mathématiques sont un discours ne signifie pas que l'expérimentation – manipulations numériques, figures de géométrie, etc. – leur soit étrangère, mais que ce qui emporte la décision, c'est en principe la seule démonstration, c'est-à-dire un discours avec ses lois : règles logiques, etc.).

Immatérielle, l'évidence est immobile. À celui qui veut l'appréhender de lui donner corps et de faire le mouvement pour s'approcher d'elle. Qu'un point soit évident ne signifie ni qu'il est immédiat ni qu'il doit être admis sans examen. Descartes l'entendait ainsi : son premier précepte était «de ne recevoir jamais aucune chose pour vraie que je ne la connusse évidemment être telle ; c'est-à-dire d'éviter soigneusement la précipitation et la prévention».[3] L'évidence n'apparaît qu'au terme d'un travail. Ainsi, le mot «évident» est un faux ami : il n'a pas le même sens en mathématiques et dans le langage courant, où il est quasi synonyme de «facile». C'est que le langage courant oublie le travail de maturation indispensable avant de ressentir l'illusion d'immédiateté.

Ce travail peut durer des années, et réussir à un moment où il a cessé d'être conscient. C'est le fameux «éclair» qu'ont connu tant de mathématiciens, des plus humbles aux plus célèbres : une longue période de recherche intense et vaine, suivie d'une illumination brusque et inattendue, où le résultat apparaît soudain dans toute son évidence. Ces éclairs (également connus des mystiques) sont usuels dans les disciplines qui privilégient les constructions de l'esprit sur l'observation.

Que l'évidence ne soit pas une notion matérielle se voit également, *a contrario*, dans le mal qu'ont connu les mathématiques avec le postulat d'Euclide : «Par un point extérieur à une droite passe une et une seule parallèle à la droite». Elles se sont offert le luxe de sécher plusieurs siècles sur cette affirmation qui semble parfaitement évidente, mais se sont finalement rendu compte que ce postulat n'est pas démontrable, et qu'on peut même construire une géométrie cohérente en le refusant. Bref, il n'est pas «vrai». En somme, le postulat d'Euclide est trop concret pour qu'il soit pertinent de lui appliquer la notion d'évidence *(voir les figures de la page 16)*.

Sans doute en va-t-il de même pour la question de l'existence du milieu d'un segment. Louis Néel (prix Nobel de physique en 1970) raconte que le mathématicien Henri Cartan «tenta de [lui] montrer combien était simpliste [sa] prétention de concevoir comme évidente l'existence du milieu d'un segment de droite».[4] Discussion

---

3 *Discours de la Méthode*, Deuxième Partie.
4 *Un siècle de physique*, éd. Odile Jacob, 1991, p. 273.

surréaliste, j'imagine, entre deux savants éminents se disputant sur le milieu d'un segment ! Mais peut-être leur désaccord était-il une question de mot. La construction théorique abstraite du mathématicien ressortit de l'évidence – une évidence complexe, qui ne s'impose qu'aux esprits préparés –, alors que la perception du physicien ressortit de la constatation matérielle immédiate : on voit bien que...

Terminons ces remarques sur l'évidence par une anecdote. Une question est souvent revenue dans les conversations entre mathématiciens au cours de l'année 1994 : «Wiles a-t-il bouché son trou ?» Andrew Wiles est ce mathématicien anglais qui, en 1993, a cru avoir démontré le théorème de Fermat, avant de déceler un «trou» dans sa démonstration. Il était passé d'une affirmation à une autre sans se rendre compte que ce passage n'avait rien d'évident. L'image du trou est plaisante, quand on songe aux interminables discussions sur le mode d'existence des objets mathématiques et leur rapport avec la

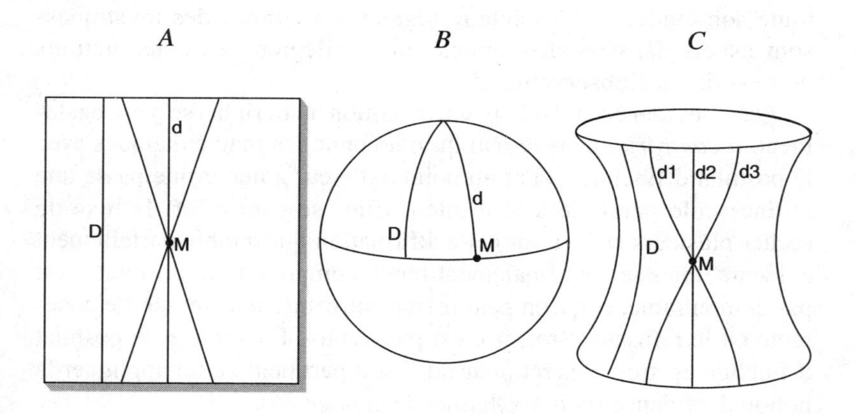

Selon Euclide, on ne peut tracer qu'une seule droite d passant par un point M et parallèle à une droite donnée D (figure A). Sur une sphère, toutefois, deux géodésiques (lignes de plus court chemin donc, ici, grands cercles) se coupent toujours (figure B). Dans une surface à courbure négative, au contraire, on peut tracer une infinité de parallèles à une droite D donnée et passant toutes par un même point M (figure C). Dans tous ces cas, une droite est définie comme étant la ligne de plus court chemin joignant deux points situés sur la surface considérée.

réalité matérielle : de tous les objets matériels, le trou n'est-il pas le seul à être immatériel ? La fin de l'histoire a été connue dans les derniers mois de 1994 ; le trou a été remplacé par une image franchement matérielle : Wiles n'a rien bouché, mais a pris une autre voie, avec plein succès cette fois !

Tant qu'on n'a pas perçu l'existence d'un problème, on ne dit pas «c'est évident» : on «saute à pieds joints par-dessus la difficulté». La sensation d'évidence naît de la difficulté surmontée. Les erreurs des mathématiciens du passé sont souvent des sauts. Certaines difficultés ne les ont pas gênés, tout bonnement parce qu'ils ne les ont pas vues. Et on peut imaginer que certaines erreurs des modernes – ils doivent bien en commettre aussi – consistent à passer à côté de difficultés. Aux mathématiciens de l'avenir de les déceler...

Des mots usuels dotés d'un sens savant

Après le silence des mathématiques, voyons leurs mots. Beaucoup, empruntés au langage courant, donnent l'impression de représenter le seul lien des mathématiques avec le monde matériel ! Parfois, leur sens savant dérive de leur sens usuel ; parfois, il n'a rien à voir (ce cas est rare) ; le plus souvent, les deux sens ont un certain rapport.

Quelques exemples. Avant de définir le mot «angle», les mathématiques passent par des constructions abstraites utilisant des rotations ; à proprement parler, leur notion d'angle n'est donc pas la notion habituelle ; toutefois, elle cherche à en caractériser l'essence. Au contraire, le sens banal du mot «anneau» est quasiment sans rapport avec son sens savant : un anneau est un ensemble au sein duquel sont définies une addition et une multiplication. Entre ces deux extrêmes, toutes les nuances intermédiaires existent. Ainsi la topologie utilise les mots «ouvert» et «fermé», en leur donnant ses définitions à elle, mais leur sens usuel ne vient pas à contre-courant de l'intuition mathématique : l'ensemble des nombres compris entre 0 et 1, avec 0 et 1 exclus, est ouvert ; il est fermé si les nombres 0 et 1 sont inclus. De même pour «voisinage» : le voisinage mathématique n'est pas sans ressembler au voisinage courant. *Grosso modo*, un voisinage d'un point est un ensemble qui entoure le point, qui le contient en son intérieur. Jusque-là, rien de surprenant. Par exemple, l'intersection de deux voisinages d'un point est encore un voisinage de ce point : fort bien. En revanche, tout ensemble contenant un voisinage d'un point est aussi un voisinage de ce point, si bien qu'un ensemble «très grand» peut être considéré comme un voisinage d'un point.

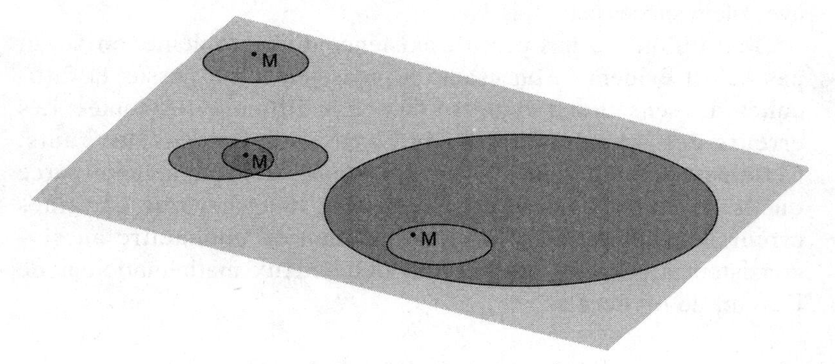

Cette fois, l'idée mathématique contredit l'usage courant, lequel attache une idée de proximité à celle de voisinage. Pourtant, la notion de proximité n'est pas étrangère à la notion de voisinage mathématique ! Même dans les parties les plus abstraites, le sens savant des mots usuels reste une allusion – plus ou moins précise, certes, voire à la limite du canular – à leur sens usuel.[5]

Un autre exemple, celui de la droite, montre qu'il n'est pas toujours simple de déterminer si le sens savant s'approche ou s'éloigne du sens usuel. On peut interpréter la droite du mathématicien comme une abstraction qui ne retient que ce qui, du point de vue mathématique, est essentiel dans l'usage courant du mot «droite». Curieusement, cette démarche mène le mathématicien à s'éloigner du sens usuel : pour lui, un grand cercle d'une sphère peut être considéré comme une droite. En effet, par deux points sur une sphère, passe un grand cercle et un seul ; le plus court chemin entre deux points sur une sphère est l'arc du grand cercle joignant ces points.

Du coup, en mathématiques, un risque d'erreur par «artefact» gît dans les mots : c'est une erreur qui consiste à découvrir au bout

---

5 Voir D. Nordon, *Les mathématiques pures n'existent pas!*, Actes Sud, 1993, chapitre V.

d'une procédure ce qu'on y avait mis initialement sans s'en rendre compte. Le mathématicien Arnaud Denjoy (1884-1974) raconte ainsi que, pour déceler l'erreur commise par un de ses amis, qui croyait avoir démontré le postulat d'Euclide, il fit comme si le mot «droite» employé par son ami désignait non pas la droite habituelle, mais la droite au sens de Poincaré, c'est-à-dire le demi-cercle. Il vit aussitôt à quel endroit l'amateur, emporté par les mots, avait fait une déduction non autorisée par les axiomes de base.[6]

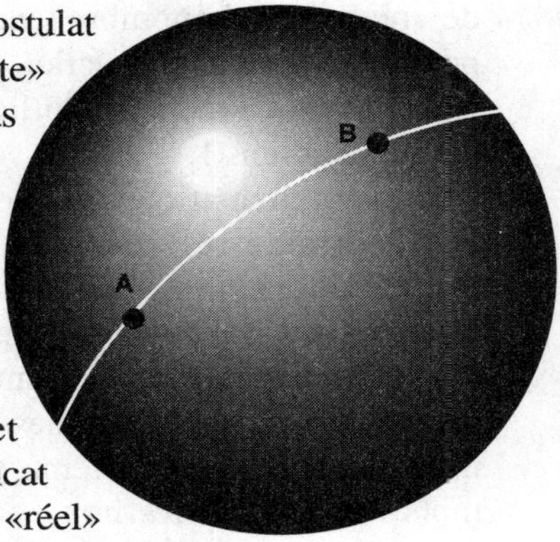

Le rapport entre les sens usuel et mathématique d'un mot est parfois délicat à cerner. On peut soutenir que le mot «réel» des mathématiques n'a *rien à voir* avec le mot «réel» du langage courant ; et on peut soutenir, non moins légitimement, qu'il est *exactement le même*.

Rien à voir : les nombres réels des mathématiciens n'ont pas la réalité d'une table ou d'une chaise ; leur construction, parfaitement formalisée, ne fait appel à aucune description physique ; elle est une réponse apportée par les mathématiciens à des exigences mathématiques.

Exactement le même : «réel» s'oppose à «imaginaire» (qui a également un sens mathématique) ; on sépare «partie réelle» et «partie imaginaire» d'un nombre complexe. Dans l'intuition des mathématiciens, le nombre réel est ce qui permet de mesurer toute grandeur. Ils perçoivent la «droite réelle» comme une représentation matérielle de l'ensemble des réels. Des nombres réels «typiques» sont π (rapport de la circonférence d'un cercle à son diamètre) ou $\sqrt{2}$ (longueur de la diagonale d'un carré de côté égal à 1). Certes, pas plus le cercle parfait que le carré de côté exactement égal à 1 n'existent matériellement. Des divers objets mathématiques, ce sont pourtant eux, incontestablement, qui sont les plus proches de la réalité matérielle.

L'évolution récente du sens du mot «réel», sous l'influence de l'informatique, confirme que les mathématiciens ont l'intuition

6 A. Denjoy, *Le mécanisme des opérations mentales chez les mathématiciens*, in *Astérisque*, n° 28-29, Société mathématique de France, 1975.

d'une certaine réalité (au sens courant du terme) des nombres réels. L'usage abstrait des «nombres réels» étant en train de perdre de son importance au profit des calculs sur ordinateurs, le critère de «réalité» d'un nombre tend désormais à résider dans le fait qu'il peut apparaître sur un écran. À mesure que les mathématiques évoluent, le mot «réel» ne sollicite pas le même imaginaire chez les mathématiciens !

Les mathématiques ne sont pas tendues vers la réalité matérielle comme référent ultime. Certes, elles sont susceptibles d'applications, mais, souvent, la recherche de celles-ci vient après. L'œuvre des «mathématiciens purs» est avant tout un discours. Si les mathématiciens avaient montré que l'Univers est euclidien, les géométries non euclidiennes n'auraient pas perdu pour autant tout intérêt à leurs yeux. Même privés de référent dans la réalité, les mots des géométries non euclidiennes auraient gardé un sens, ce qui aurait permis de continuer à manier les objets qu'ils désignent. En cela, on peut dire que la langue est un référent pour les mathématiques.

Immatériels, les objets mathématiques dépendent plus étroitement des mots par lesquels on les désigne que n'en dépendent les objets des autres sciences. C'est pourquoi les mathématiciens, quand ils réutilisent un mot, sont souvent plus attentifs à son sens usuel que, par exemple, les physiciens, dont les quarks savoureux ou colorés n'ont rien qui s'adresse au goût ou à la vue. Ce parti n'est pas sans conséquence sur le mode d'existence des objets mathématiques.

Un exemple est donné par les nombres complexes, déjà évoqués précédemment, et qui ont beaucoup troublé les esprits parce que, élevés au carré, ils peuvent donner des nombres négatifs. Ces nombres que les mathématiciens modernes nomment complexes, Descartes les nommait «nombres imaginaires», et les mathématiciens du XVIe siècle, «nombres impossibles». Ces termes désignent-ils un objet immuable, que les hommes réussiraient à cerner de plus en plus près ? Je ne le crois pas. D'abord, les nombres complexes, désormais utilisés en physique, ont infiniment plus de réalité, plus d'existence, plus de banalité – et du coup, peut-être, moins d'intérêt – que n'en ont jamais eu les nombres impossibles. Les nombres impossibles, c'était l'avenir ; les nombres complexes, c'est le passé ! Ensuite, et surtout, les termes «impossible», «imaginaire», «complexe» sont trop expressifs pour qu'on soit en droit de négliger leur sens. Témoins successifs de l'évolution de l'objet qu'ils désignent, ils contribuent aussi, inversement, à le modifier, exerçant ainsi une espèce d'influence littéraire sur les mathématiques. Lorsque nous enseignons à un étudiant les nombres complexes, rien qu'à cause du mot, nous n'induisons pas en lui la même perception, ni la même liberté d'utilisation, ni les mêmes croyances, que si nous enseignions les nombres impossibles. Quant à nous figurer que nous possédons désormais le bon concept, désigné par un terme fixé à jamais, ce serait aussi illusoire que de croire à la fin de l'Histoire.

Un mot n'est jamais vierge. Même s'il désigne un objet nouveau et a été inventé pour lui, il a toujours une origine, des connotations. On ne peut pas désigner sans, en même temps, qualifier. Les mots influent donc sur la représentation que nous avons des objets mathématiques qu'ils désignent. Ils font plus encore : ces objets étant pris dans la langue, les mots sont partie intégrante d'eux, ils influent sur leur propre nature. Un «nombre complexe» n'est pas un «nombre impossible» ; les deux termes ne désignent pas le même objet !

Rien n'est plus personnel que le rapport que chacun de nous entretient avec les mots de la langue. Si bien que la nature des objets mathématiques dépend de la subjectivité de celui qui les manie. Si les objets mathématiques avaient une essence, elle ne serait pas la même pour moi, pour un Grec ancien, pour un physicien, pour un «nul en maths», pour un mathématicien de premier plan...

En mathématiques comme partout, il arrive que, à force, les mots s'usent. Ainsi, le mot «irrationnel», en usage depuis des siècles pour caractériser les nombres qui ne sont pas égaux à des fractions, a fini par perdre toute connotation au sein des mathématiques. Aucun mathématicien n'a plus en esprit l'idée de «déraison» lorsqu'il parle d'un nombre irrationnel. Le mot est resté fixe, mais pas son sens. Cela induit en erreur certains commentateurs, qui prêtent à ce mot les connotations qu'il a conservées en dehors des mathématiques et seulement en dehors d'elles. Les mathématiciens, eux aussi, sont parfois trompés par leurs propres mots. Qualifiant de «naturels» les nombres entiers, ils sous-estiment parfois la part culturelle qu'il y a dans la construction de la suite des nombres entiers.

Souvent π varie

Même π, cette constante, varie selon le regard qu'on porte dessus ! Pour Archimède, π (qu'il ne nommait pas ainsi) désignait le rapport de la circonférence d'un cercle à son diamètre. Archimède calculait π en comparant le périmètre d'un cercle avec celui de polygones. À partir de Newton et d'Euler, on s'est rendu compte que certaines séries infinies de nombres fractionnaires ont une somme exprimable à l'aide de π (par exemple, la somme $1/1^2 + 1/2^2 + 1/3^2 + ...$ est égale à $\pi^2/6$). Ce résultat est stupéfiant : en faisant des calculs où n'intervient pas le moindre cercle, on tombe sur ce nombre, π, qui semblait n'avoir d'autre raison d'être que la mesure des cercles. Cette observation a posé des questions nouvelles. Si la nature de π pouvait être considérée comme purement géométrique par les Grecs, elle est beaucoup plus mystérieuse depuis Newton et Euler. Surtout que, perplexité supplémentaire, Buffon a découvert que π intervient également en probabilités.

Au XIXe siècle, le goût pour l'abstraction a pris le dessus et c'est un résultat d'algèbre abstraite qui a marqué l'apogée du travail sur π à cette époque : Ferdinand von Lindemann (1852-1939) a montré qu'il n'existe aucun polynôme à coefficients entiers ayant π pour racine (π est «transcendant»). Cette démonstration fut une grande victoire, qui réglait au passage une question datant des Grecs : la quadrature du cercle est impossible. Seulement, depuis quelques années, les mathématiciens ont retrouvé le goût des calculs numériques. À leurs yeux, la transcendance de π reste un résultat important, mais trop abstrait, car il ne dit rien de décisif sur une question qui les intéresse de plus en plus : la façon dont sont réparties ses décimales. C'est là – leur semble-t-il maintenant – que gît le cœur du problème. De fait, les informaticiens ont prodigieusement amélioré les algorithmes de calculs, et ont trouvé plus de cinquante milliards de décimales de π.[7] Pareille prouesse donne de quoi alimenter la réflexion. En effet, alors que π est parfaitement déterminé, ses décimales donnent l'impression d'être tirées au sort. Tout se passe, dirait-on, comme si chaque chiffre avait *a priori* une chance sur dix d'apparaître à une place

7 Voir J.-P. Delahaye, *Le fascinant nombre π*, Éditions Pour la Science (diffusion Belin), 1997.

donnée. Au hasard ! Bref, l'étude de π confirme une vieille malédiction : plus on est savant, plus le mystère s'épaissit.

Ainsi, π était intéressant en tant qu'objet géométrique pour l'époque d'Archimède, analytique pour celle de Newton, algorithmique pour la nôtre... À supposer que le «vrai π» existe dans le ciel platonicien, rien ne prouve que nous soyons en train de le cerner de plus en plus près. Notre conception est-elle plus juste que celle d'Archimède ? Qui sait ! Peut-être les hommes ne progressent-ils pas ; peut-être ne font-ils qu'errer d'une conception à une autre. Craignons alors les nouveaux résultats à venir dans l'étude de π, qui risqueront d'ajouter encore à la confusion...

On peut soutenir l'idée que π ne change pas, et que seule change l'image que nous en avons. Une telle attitude est légitime, à condition de la donner pour ce qu'elle est : un acte de foi. Moins idéaliste, j'adopte une autre attitude. Je ne veux connaître de π que ce que je puis en constater – par exemple, le fait que, d'une époque à l'autre, le point de vue «décisif» sur π varie incroyablement. Ce qui me paraît intéressant n'est pas tant l'existence d'une réalité ultime et fixe, que le fait que les hommes n'y accèdent jamais. Ils ne peuvent que parler, interpréter, porter des jugements de valeur. Même si tel ou tel résultat est objectivement vrai, le plus important est de savoir si l'éclairage qu'il apporte est le bon. Or cette question-là relève toujours de la subjectivité. Peut-être quelque Dieu sait-il faire la synthèse de toutes nos approches, passées, présentes et à venir, et accéder à la connaissance d'un π immuable et éternel. Pas nous. Le «vrai» π nous est inaccessible ; nous devons nous contenter de l'image que nous nous en faisons, laquelle est prise dans l'histoire.

Objets mathématiques et personnages de romans

Frêles et forts comme les mots, les objets mathématiques ont le même genre d'existence que, disons, le personnage de Jean Valjean. Ce sont des mots, qui induisent des représentations, des affects, des questions, des exigences, etc. Jean Valjean est bien plus que l'ensemble des signes utilisés par Hugo pour le décrire ; sa force ne vient pourtant pas de quelque fidélité à une réalité dont il serait issu. De même, les objets mathématiques sont plus que l'ensemble des signes utilisés par les mathématiciens. On ne peut pas les manipuler n'importe comment – ce qui ne signifie pas qu'ils soient astreints à exprimer objectivement quoi que ce soit de matériel : Hugo non plus n'a pas créé Jean Valjean n'importe comment. Les personnages de roman ont leur autonomie, et imposent leur logique à l'auteur.

S'interroger sur la nature des objets mathématiques, se demander si le mathématicien crée ou découvre, c'est finalement se demander ce qu'il y a au-delà des mots ; c'est se demander dans quelle mesure un auteur choisit ses mots, et dans quelle mesure ce sont eux qui lui imposent leur sens, leur réalité. Autant chercher l'origine du langage, ou son essence ! Questions insolubles, ne serait-ce que parce que nos réponses sont elles-mêmes prises dans le langage.

L'idée qu'existe un monde des objets séparé du monde des mots – douteuse en général – devient carrément erronée dans le cas des mathématiques. Leurs objets et leurs mots sont trop imbriqués les uns dans les autres pour que cette séparation ait un sens. Il peut alors paraître paradoxal de parler ici d'«objets mathématiques». Le paradoxe vient du fait, effectivement curieux, que le mot «objet» est le plus fluctuant de ceux qui s'offrent : les termes «être mathématique» ou «concept» sont beaucoup plus fixes, ils évoquent l'idée d'essences éternelles, invariables. Et puis, par «objet mathématique», on peut aussi entendre : ce qui est objet de l'attention des mathématiciens. Or on sait combien ce qui est objet d'attention varie selon le contexte historique ou social.

Écrire bien

Afin d'aller plus loin dans l'analyse des rapports entre mathématiques et réalité, examinons les expressions «écrire bien» et «parler bien». Elles sont singulières, parce que leur sens littéral est à l'opposé du sens que leur donnent la plupart des usages courants. Leur sens littéral est mieux adapté à la pratique scientifique, leur sens courant à la pratique littéraire.

Sens littéral, d'abord. Au pied de la lettre, «tel auteur écrit bien» ou «tel orateur parle bien» signifie : ce qu'il exprime coïncide avec ce qu'il «veut dire», et ce qu'il veut dire coïncide avec «ce qu'il y a à dire» ; il réussit une bonne adéquation entre le monde des objets ou des sensations, et celui des mots. L'idée sous-jacente à «écrire bien» est statique, avec son corollaire : des règles pour y parvenir (l'interdit de la répétition en français, par exemple). Le «bien» existe, l'auteur y est parvenu. Il y a une réalité, et il l'a atteinte sans que son style s'interpose. La langue est transparente.

En fait, l'emploi habituel de l'expression «il écrit bien», appliquée à un écrivain, est à peu près contraire à ce sens littéral. On ne se soucie guère du respect par lui des règles formelles, ni de l'adéquation entre ce qu'il écrit et ce qu'il a voulu exprimer. On n'exige même pas nécessairement qu'il soit clair : des styles allusifs, ou poétiques, ou foisonnants, par exemple, peuvent être appréciés. Les expressions «il écrit bien» ou «il parle bien» sont employées dans un sens subjectif, quasiment synonyme de «j'ai plaisir à le lire, à l'écouter». Il écrit bien ? Parle bien ? C'est un magicien, qui a l'art de faire dire aux mots autre chose que ce qu'ils disent d'habitude. Pas trop cependant, car il serait alors enfermé dans son monde. Les mots sont une réalité, qui donne du plaisir au lecteur lorsqu'elle est juste un peu décalée par rapport à la réalité qu'il percevait jusque-là. Elle la modifie donc. Déséquilibre.

Écrire bien, *stricto sensu*, ce serait réussir à tout contrôler de ce qu'on écrit. Être maître. Toutefois, dans l'usage habituel, «écrire bien» signifie : mettre en jeu une multiplicité de sens, ce qui permet à la subjectivité du lecteur de se faire une place. L'auteur écrit bien quand il ne maîtrise pas tout : il n'écrit donc pas bien ! Il est dépassé par ce qu'il écrit. Puissance de l'écrivain : il met en jeu plus que ce que ses écrits signifient au pied de la lettre. Limite de l'écrivain : il ne devine pas quelles harmoniques il induit chez le lecteur. Un texte bien écrit mène toujours ailleurs.

En somme, quelqu'un écrit, ou parle, bien (dans l'emploi usuel de ces expressions) lorsque sa langue s'interpose entre le monde et lui, qu'elle se fait perceptible, surprenante, sert sa personnalité. Éventuellement, il prend des libertés avec la langue, de façon à bien faire sentir sa présence à lui. Tout cela, au risque de la gratuité lorsqu'il n'a rien à dire. Jeu avec la langue pour le jeu avec la langue.

Bien que plus rarement qu'en littérature, le critère «écrire bien» est aussi appliqué en sciences. De quelle manière ? Écartons un instant les mathématiques. En sciences, l'expression «écrire bien» est utilisée au sens littéral. On sait que l'observation et l'observateur interagissent, mais l'idéal du style scientifique reste celui de clarté et de rigueur, garantes de non-ambiguïté, d'objectivité. On écrit comme si une séparation parfaite entre l'objet et celui qui le décrit était possible. La langue scientifique doit être un instrument invisible, qui sert à décrire le monde, voire à le manier, sans laisser, elle, aucune trace dessus. Le critère du bien écrire scientifique coïncide avec son but : la transparence de la langue. La langue doit refléter la complexité de la réalité, mais ne surtout pas y ajouter sa propre complexité. Le monde matériel d'une part, le monde des mots d'autre part. Et, entre les deux, une adéquation qui permet d'écrire de façon univoque. Ces mêmes qualités sont exigées pour qu'on dise d'un scientifique qu'il «parle bien», ou plutôt – pour employer le terme usuel dans la profession – qu'il «expose bien».

Tantôt subjectives, donc, les expressions «écrire bien» et «parler bien» s'appliquent à l'individu capable de manifester sa présence au sein de la langue et, par là, de plaire ; les principaux ennemis sont la platitude et la monotonie. Tantôt objectives, elles désignent l'aptitude du scientifique à s'effacer et à effacer la langue devant la description d'un phénomène naturel ; les principaux ennemis sont la confusion et l'obscurité.

Le mathématicien écrivain

Quant aux mathématiques, elles sont un domaine où l'on doit écrire bien et parler bien dans les deux acceptions, contradictoires, de ces expressions ! Les mathématiciens répugnent à trahir le sens des mots. À juste titre : leurs objets n'ont aucune matérialité ; si, en plus, les mots pour les désigner étaient aberrants, à quoi les mathématiciens se raccrocheraient-ils ? Pour nommer un nouvel objet, donc, ils jouent avec un mot usuel sans le trahir, lui donnant un sens qui a «quelque chose» à voir avec le sens courant, même si ce n'est perceptible qu'aux spécialistes.

Un tel jeu, parfois fort libre et personnel, peut éventuellement aider l'intuition. Autrement dit, la langue intervient de façon créatrice dans l'élaboration du nouvel objet. Bien entendu, une fois nommé, l'objet doit être manié avec toute la rigueur mathématique. Jamais le jeu sur le sens ne doit tenir lieu de démonstration. Ainsi, le mathématicien doit être capable de bien parler autant par son goût et sa finesse dans le choix des mots, que par son aptitude à manier ensuite ces mots comme s'ils n'étaient que des désignations inertes d'objets. Bref, les mathématiques tiennent autant de la littérature que de la science...

Il est parfois malaisé de ne pas prendre pour une démonstration les interférences du sens usuel avec le sens mathématique. Combien les étudiants ont de difficultés avec l'expression «événements indépendants» ! En probabilités, elle a un sens formalisé précis. Les étudiants ont du mal à se rendre compte qu'ils ont, pour ainsi dire, deux efforts à faire. Un effort philosophique : se convaincre que la formalisation donnée par les probabilistes est intelligente, c'est-à-dire qu'elle modélise bien ce que le langage courant entend de façon vague par «événements indépendants». Puis un effort mathématique : au moment de résoudre un problème de probabilités, se tenir à la définition formelle qui a été donnée, sans plus se soucier de son adéquation avec l'usage courant, qu'il faut «oublier».

L'immersion des mathématiques dans la langue explique pourquoi elles sont si difficiles à vulgariser. On peut exposer un résultat obtenu par les sciences de la nature sans donner les détails complexes de la procédure expérimentale ; simplifier la langue ne touche pas à l'essentiel, puisque l'essentiel est ailleurs : sur le terrain, c'est-à-dire dans la matérialité de l'expérience. Cependant, en mathématiques, l'essentiel est dans la langue ; pour elles, le terrain et la rédaction sont confondus : modifier la langue modifie ce qu'elles expriment. Si donc, à des fins de vulgarisation, je simplifie la langue, j'impose par là une transformation à l'objet mathématique désigné. Bref, je ne fais pas que simplifier : je trahis le sens. La vulgarisation échoue alors, elle qui a droit à l'approximation mais pas à la déformation. Ce phénomène n'est pas sans rappeler ce qui se passe avec la littérature, elle aussi impossible à «vulgariser». Aucun résumé ne peut permettre à un lecteur de se faire «son» idée sur Jean Valjean. Le seul moyen de rencontrer le Jean Valjean «authentique» est de lire *Les Misérables* en entier.

Par d'autres aspects encore, les mathématiques sont plus proches de la littérature que des sciences. Ainsi, la «falsifiabilité». Un schéma proposé pour décrire l'évolution des sciences de la nature est la «falsifiabilité», ou «réfutabilité» : une loi n'est pas vraie, mais, tout au plus, admise provisoirement ; son statut se maintient pour autant qu'on ne découvre pas de phénomène qui la contredise. La loi survit sous cette menace permanente. Si on découvre finalement un phénomène qui la contredit, elle est alors considérée comme fausse, donc rejetée. Même si ce schéma a été beaucoup critiqué, sa pertinence n'a pas paru nulle *a priori*. En mathématiques, elle est nulle *a priori*, tant il est exceptionnel qu'un résultat soit réfuté. Bien sûr, il arrive qu'une erreur soit décelée, mais on corrige l'erreur, si on peut, et voilà tout ; ce n'est pas là réfuter, au sens plein du terme, puisqu'une réfutation est censée mener à changer de point de vue, voire de théorie. On ne met au rebut un théorème que lorsqu'il cesse d'intéresser, soit qu'on trouve un résultat plus fin, soit que les goûts changent. Les théorèmes de géométrie du triangle ne sont pas moins vrais aujourd'hui qu'au début du siècle ; s'ils sont oubliés, c'est parce qu'ils ont cessé de plaire. Peut-être reviendront-ils à la mode. De même, les œuvres littéraires ne risquent pas de devenir «fausses», mais de perdre leur attrait. À supposer que le troisième millénaire oublie *Les Misérables*, cela ne signifiera pas que Jean Valjean aura été réfuté ni qu'il sera devenu faux !

Plus proche en cela de l'écrivain que du physicien, le mathématicien est plus soucieux de *son* monde que *du* monde. Certes, il n'est pas pour autant coupé du monde : bon gré mal gré, les mathématiques gardent la trace des conditions où elles ont été créées. Reste que la fidélité à la réalité matérielle n'est pas leur souci majeur. «Un mathématicien ne travaille que sur sa propre réalité mathématique» note G. H. Hardy : le nombre 317 est premier, et ce fait-là est plus "réel" que la matière, car il ne dépend ni de nos sensations, ni de nos opinions, ni de la constitution de l'esprit humain. Alors que la structure intime de la matière est inaccessible. Pas plus les philosophes que les physiciens n'ont jamais donné de description satisfaisante de ce qu'est la «réalité physique».[8]

En littérature, le goût oscille selon les époques et les individus entre réalisme et refus du réalisme. Les mathématiques, elles, oscillent entre la volonté de construire un outil adapté à la description du monde physique et la tentation de ne référer qu'à elles-mêmes, prises comme une fin en soi. Par exemple, le groupe Bourbaki, composé de mathématiciens ayant une conception isolationniste des mathématiques, s'intéressait plus aux structures abstraites qu'à

8 *Apologie d'un mathématicien*, XXIV ; traduction française D. Jullien et S. Yoccoz, Belin, 1985.

la recherche d'une adéquation à la réalité.[9] Et sans doute n'aurait-il pas pu imprimer aux mathématiques une tendance aussi épurée qu'il l'a fait au cours des années 1950-1970, s'il n'avait possédé l'art de désigner les notions les plus abstraites au moyen des mots les plus concrets. Mots empruntés au langage courant, solides, familiers, somme toute rassurants, et néanmoins adaptés à la situation mathématique ultra-abstraite considérée, donnant parfois même l'impression d'entretenir avec elle un rapport essentiel, intime. Tel était le prodige ! La langue de Bourbaki n'était certes pas inerte, pas transparente. Ses ouvrages réussissaient ainsi à en dire à la fois plus et moins. Talent littéraire indiscutable, qui a fait de lui un créateur d'univers.

Contrepartie de ce talent, Bourbaki semble parfois s'être laissé prendre à ses propres mots, tenant pour réel ce qui n'était que bien écrit. Au point que certains chercheurs des années 1960 – plus bourbakistes que Bourbaki ! – partaient d'un système d'axiomes arbitraires et en développaient les conséquences de façon purement formelle, abstraite, interminable. Sans motivation, non seulement tirée du monde physique, mais pas même tirée de problèmes internes aux mathématiques. Préciosité. Les théorèmes produits par ces écoles n'ont pas été réfutés ; simplement, on ne s'y intéresse plus ; les mathématiciens n'éprouvent plus de plaisir avec eux.

Bourbaki explicitait ainsi sa conception du langage : «Peu importe [...], s'il s'agit d'écrire ou de lire un texte formalisé, qu'on attache aux mots ou signes de ce texte telle ou telle signification, ou même qu'on ne leur en attache aucune ; seule importe l'observation correcte des règles de la syntaxe».[10] Pareille affirmation paraît aujourd'hui excessive. Curieusement, elle est contemporaine d'une autre, qui peut également paraître excessive, signée elle par un écrivain, Alain Robbe-Grillet. «[Le langage] nous apparaît en même temps comme un moyen et comme une fin : étant le signe par excellence (la représentation de tous les signes), il ne saurait [...]

---

9 Bourbaki est un groupe de mathématiciens créé dans les années 1930 par Henri Cartan, Jean Dieudonné, André Weil et d'autres. Renouvelé par cooptation, il a dominé les mathématiques, surtout françaises, dans les années 1950-1970. Sa philosophie générale était le formalisme.

10 N. Bourbaki, *Théorie des ensembles,* Introduction ; 1ère éd., Hermann, 1954 ; rééd. 1960, 1970.

avoir de signification entièrement en dehors de soi. Rien, en somme, ne peut lui être extérieur».[11] Le point de vue de Bourbaki (le langage est un tout en soi) et celui de Robbe-Grillet (tout est langage) ont ceci de commun qu'ils évacuent le problème des rapports entre langage et réalité, cette tension entre langage et réalité qui fait que chacun modifie l'autre. Là encore, une certaine proximité apparaît entre mathématiques et littérature. On imagine mal un physicien soutenir une position analogue à celles de Bourbaki ou de Robbe-Grillet.

Aujourd'hui, les mathématiques «appliquées» se sont renforcées contre les mathématiques «pures». L'attention portée aux problèmes issus de la physique a augmenté, mais rien n'exclut que les mathématiques traversent à l'avenir une nouvelle période de splendide isolement. Et ce rapport variable avec le réalisme – tantôt recherché, tantôt fui – les distingue des sciences de la nature, pour lesquelles être réalistes est plus important. Cela ne signifie pas que leur conception du réalisme reste invariable au cours du temps, car la notion de réalisme est complexe.

La prétendue «effectivité» des mathématiques

Reste une question. Si les mathématiques sont à ce point prises dans la langue, pourquoi ont-elles des applications dans le monde matériel ? Sur cette question immense, très débattue, je ne propose que quelques remarques.

D'abord, se méfier du mot «application». Les mathématiciens l'emploient dans deux cas. Dans l'un, ils le définissent ; dans l'autre, pas. Le premier cas est l'emploi du mot dans son sens mathématique, voisin de celui de «fonction». Le second est quand ils parlent des «applications» des mathématiques. Seulement, à ne pas définir cette dernière expression, ils la rendent fallacieuse, car elle sous-entend une conception qui, au minimum, mériterait d'être explicitée et discutée : la conception d'une réalité séparée. Il y aurait, d'une part, un monde matériel et, d'autre part, un monde des mots, et il y aurait des «applications» (terme plus ou moins pris ici dans son sens mathématique) du second monde vers le premier. Je

11 A. Robbe-Grillet, *Pour un nouveau roman*. Éditions de Minuit, 1963.

ne crois pas à une séparation radicale entre monde des objets et monde des mots ; du moins, s'il y en a une, elle nous est inconnaissable. Les mots et les choses interagissent sans cesse : les mots modifient les choses, les choses modifient les mots. Ainsi, quand la physique recourt à des concepts mathématiques, elle transforme et les mots et la réalité. Exemple : le concept de dérivée change de sens par rapport au concept abstrait des mathématiciens quand les physiciens l'utilisent pour définir la vitesse instantanée (la chose modifie le mot) ; et, avant de pouvoir définir une vitesse comme une dérivée, il faut élaguer dans la réalité (le mot modifie la chose).

Les mathématiques s'appliquent, donc, non pas au sens où elles seraient l'outil approprié à l'exacte compréhension de la réalité matérielle ultime et intangible, mais parce qu'elles modifient l'image que nous avons de la réalité. Le verbe a la magie d'opérer sur le monde, et les mathématiques sont un verbe. La littérature aussi s'«applique». Elle aussi modifie le sens des mots : celui qui a appris les fables de La Fontaine ne peut plus regarder un renard sans lui trouver l'air rusé ! Les grands types littéraires reflètent les caractères humains, mais agissent sur eux en retour. Certains comportements amoureux ont été modifiés par le mythe de Don Juan, ce qui modifie la nature même de l'amour. Et nous ne rêvons sûrement plus de la même façon qu'avant Freud...

On a beaucoup exalté la «déraisonnable effectivité» des mathématiques. N'exagérons pas cette «effectivité». Il est vrai que certains concepts abstraits ont soudain acquis une importance centrale en physique, et que cela pose un problème philosophique passionnant. Mais ne perdons pas de vue que, pour un article de mathématiques qui connaît ce sort, il y en a des centaines et des centaines qui n'intéresseront jamais que quelques mathématiciens.

Reposons alors la question de l'«effectivité» des mathématiques sous une forme qui a l'air d'une boutade, mais qui, je crois, n'en est pas une. La possibilité de mathématiser certains aspects de la nature est peut-être un cas particulier d'un phénomène général, banal – ce qui ne signifie absolument pas qu'il ne soit pas très intrigant : aucun discours humain ne peut se couper totalement de la réalité. Un singe dactylographe ne tapera jamais *Hamlet*. Alors que les hommes, sensés ou fous, quand ils parlent assez longtemps, disent tous nécessairement des choses qui «rencontrent» la réalité. Même les mathématiciens

Chapitre 2

ETHNOLOGIE

L'histoire suivante est parue dans une revue de mathématiciens. Les lecteurs n'avaient donc aucun mal à reconnaître des mots familiers derrière les mots inconnus : en verlan, les Purtheumas sont les matheux purs ; un rindaman, un mandarin ; le nermicé, le séminaire, etc.

«Votre séjour sur le terrain a duré plus de dix ans. Pourtant, la communauté savante a très mal accueilli vos descriptions des Purtheumas. Comment expliquez-vous le rejet dont vous êtes victime ?

– Les gens ont leurs théories une fois pour toutes. Si vous rapportez des observations qui les contredisent, ils ne vous croient pas. Tout, plutôt que remettre en question leurs idées préconçues.

– Personne ne s'est donné la peine d'aller vérifier vos informations ?

– Vous savez, l'accès aux Purtheumas est extrêmement difficile. Très rares sont ceux qui parviennent jusqu'à eux. Et encore plus rares, ceux qui reviennent de leur expédition.

– C'est un peuple d'une telle cruauté ?

– Oh non ! Pas spécialement. Le problème est ailleurs. L'effort exigé pour pénétrer leur culture est tel que personne, ou presque, ne garde assez d'énergie pour s'éloigner, ensuite. Voilà pourquoi ils font peur. S'acculturer à eux, c'est s'intégrer à eux de façon quasi irréversible.

– Qu'y a-t-il de si redoutable dans la culture theuz'ma ? Les mœurs ?

– Non, les mœurs sont relativement banales. Leur système de chefferies est en réseau de pyramides. Les Purtheumas sont divisés en tribus. Chacune a un chef, qu'on appelle un *rindaman* ; au-dessous de lui, quelques sous-chefs, des *forp*, puis des sous-sous-chefs, etc., jusque, tout en bas, les *zarté*. Le *rindaman* ne commande pas aux *forp*, pas plus que les *forp* ne commandent aux *zarté*. Ils mènent les travaux en commun avec toutes les apparences de l'égalité. Toutefois, en regardant de près, on constate que chacun sait parfaitement qui est au-dessous de lui, qui est au-dessus, et que jamais l'idée ne viendrait à personne de contester cette hiérarchie. Aucun privilège n'est attaché à la fonction de *rindaman*. La simple conscience d'être considéré comme chef par les autres individus lui suffit.

– Et par les autres tribus ?

– Non. Chaque tribu est organisée suivant ce système pyramidal, mais le *rindaman* d'une tribu n'est presque rien dans une autre. Chaque Purtheuma est libre de choisir une tribu. Une fois son choix fait, il doit s'y tenir. Entre tribus, les rapports sont empreints de rivalité.

– Les tribus sont nombreuses ?

– Très. Certaines sont d'ailleurs réduites à quelques individus.

– Comment s'appellent-elles ?

– Les noms des anciennes remontent à la nuit des temps, et sont stables : *Triméogé*, *Gèbral*, *Lisnaa*... Quand naît une nouvelle tribu, ce qui est fréquent, la formation de son nom suit des règles complexes, mouvantes, essentiellement par composition du nom de tribus précédentes.

– Il n'y a pas d'échanges entre les tribus ?

– Le moins possible. Les Purtheumas sont fiers de l'être, mais évitent de communiquer avec les Purtheumas des autres tribus. C'est un réel paradoxe. Quand les circonstances, de voisinage par exemple, font que l'intercompréhension entre deux tribus devient trop grande, ils créent une nouvelle tribu, laquelle, sitôt constituée, s'empresse de couper les ponts avec les autres.

– Comment s'y prend-elle ?

– Elle crée son langage propre, que les autres tribus ne comprennent pas, et fait en sorte qu'il soit intraduisible. Pour cela, elle s'arrange à ne pas parler des mêmes objets. Telle tribu prend le gèbre comme animal fétiche, ne parle que de lui, y ramène tous ses soucis, ses procédés divinatoires, etc. Telle autre tribu adorera alors la dîme, telle troisième la dègue, etc. Il s'agit d'animaux fabuleux, d'essences radicalement différentes. Ceux qui ont vu le gèbre n'ont jamais vu de dîme ni de dègue. Et inversement. Un propos concernant le gèbre, par exemple, est intransposable en terme de dègue, car ces deux êtres n'ont pas d'existence simultanée, évoluent dans des mondes incompatibles, entre lesquels il n'y a aucune correspondance. Tout effort de traduction est voué à l'échec. De sorte que l'incommunicabilité est parfaite.

– Parfaite, vraiment ?

– On n'a pas voulu comprendre la prodigieuse prouesse réussie par cette peuplade. Toutes les tribus sont face à un même monde matériel, bien sûr. Si leurs diverses langues avaient comme fonction de décrire celui-ci, elles seraient traduisibles entre elles. Or ce n'est pas le cas. Les Purtheumas considèrent la réalité matérielle comme une trivialité indigne qu'on en parle. Chaque tribu crée un monde purement imaginaire, et ne rend compte que de lui. Ces mondes imaginaires n'ayant aucun élément commun, on ne peut pas passer de l'un à l'autre : il est impossible de traduire les langues theuz'ma entre elles. C'est pourquoi je n'hésite pas à dire que le moteur du langage chez les Purtheumas, c'est d'atteindre à la non-communicabilité.

– C'est cette thèse qu'on vous a beaucoup reprochée.

– Bien entendu. Elle contrevient à toutes les idées admises sur la langue. Comment concevoir une langue qui sert à ne pas communiquer ? Eh bien, allez parmi les Purtheumas. Moi qui y ai longuement vécu, je vous assure que la fonction du langage chez eux est d'éviter l'échange. Les créations imaginaires propres à chaque tribu l'isolent parfaitement des autres.

– Mais votre thèse va encore plus loin. Au sein même de chaque tribu, dites-vous, l'intercompréhension est réduite.

– Oui. Là, la question est plus délicate. Mon hypothèse est que la rupture des communications entre les tribus mène à la rupture des communications au sein des tribus. Sans que ce soit nécessairement souhaité par les Purtheumas. Ce serait en quelque sorte une conséquence non désirée de leur part.

– Pourtant, au sein de chaque tribu, ils se parlent ?

– Bien sûr, ils se parlent. Mais ils ne se comprennent pas.

– Comment cela ?

– Je vous ai dit que leur langage ne porte que sur des entités imaginaires. Leurs propos ne prétendent pas à une quelconque effectivité. Ils ne sont pas suivis d'une action qui montrerait que tel ou tel ordre a été correctement interprété. Vous êtes Purtheuma, et vous dites par exemple : «Horace ! Fais éclater ta méthode, et range la dègue dans une sous-variété» – phrase theuz'ma typique. Aucun mot de cette phrase n'a de référent tangible. Quel moyen avez-vous de vérifier qu'Horace comprend votre injonction? Aucun. Or c'est une loi psychologique bien connue : si vous n'avez aucun moyen de vous assurer que votre interlocuteur saisit vos propos, vous pouvez être sûr au contraire qu'il ne les saisit pas. Peut-être les comprendra-t-il une fois ou deux, évidemment. Par hasard, disons. Mais, à la longue, la non compréhension est une certitude.

– Et cela se produit chez les Purtheumas ?

– Très vraisemblablement. Ils m'ont autorisé à participer à leur rituel le plus important, le *nermicé*. Le *nermicé* est une réunion hebdomadaire de toute la tribu. Chaque tribu a le sien. L'un des membres prend la parole, adresse pendant une heure une incantation aux dieux de la tribu. Toutes mes observations ont montré que les auditeurs comprennent fort mal ce que dit l'officiant. Peu de réactions de leur part, peu de variations du tonus musculaire ou intellectuel ; amorphie visible ; beaucoup somnolent. Eh bien, savez-vous ce qui se passe à la fin de l'incantation? Les auditeurs ajoutent à leur tour une brève incantation, ou posent une question à laquelle l'officiant répond. Preuve qu'ils n'ont pas besoin de se comprendre pour se parler. Ayant eu l'honneur de prononcer moi-même l'incantation, j'ai dit des phrases dont je ne saisissais pas le sens. Eh bien, les auditeurs sont intervenus à la fin comme d'habitude. Je soupçonne même que le but, je dis bien le but, des échanges verbaux entre Purtheumas est de ne pas se comprendre mutuellement.

– Quel intérêt ?

– À la base de la conception theuz'ma du monde, il y a l'idée – qui vous étonnera peut-être mais qui, à eux, paraît naturelle – qu'un monde imaginaire est d'autant plus riche, qu'il est plus difficile à communiquer. À la limite, la richesse suprême est dans l'absence de communicabilité. Mais voyez leur subtilité ! Contrairement à ce que vous pourriez croire, les Purtheumas détestent le charabia ; ils le considèrent comme un faux obstacle. Chaque Purtheuma fait tous ses efforts pour se rendre le plus clair possible. C'est seulement si, malgré ces efforts, il reste incompris des autres Purtheumas, qu'il déduit que son monde imaginaire personnel atteint au sommet de la richesse.

– Et cela le satisfait ?

– Oui. Il faut bien voir le double aspect des choses. Sans doute est-il désagréable pour un Purtheuma de ne pas comprendre ce qui lui est dit. Mais les Purtheumas sont des gens pratiques : ils savent que ce petit désagrément est le prix à payer en contrepartie de ce grand plaisir qui consiste à être reconnu par autrui comme incompréhensible. Et puis, permettez-moi pour terminer de vous poser à mon tour une question. Éprouvez-vous toujours de si grandes satisfactions à comprendre ce que racontent vos semblables ?

Références

J. ALEXANDER, A. HIRSCHOWITZ, «La méthode d'Horace éclatée : application à l'interpolation en degré quatre», *Inventiones mathematicae*, 107, 585-602 (1992). «Dans cette variante éclatée, on exploite une sous-variété de codimension quelconque ; la dîme est un énoncé de rangement sur cette sous-variété, tandis que la dègue est un énoncé de rangement sur la variété obtenue en éclatant cette sous-variété.»

J.-P. SERRE, «Gèbres», *L'Enseignement mathématique*, t. 39, 1993, 33-85. «Objet de ce texte, les enveloppes algébriques des groupes linéaires et leurs relations avec les différents types de gèbres : algèbres, cogèbres et bigèbres.»

Deuxième partie

ÉCRIRE

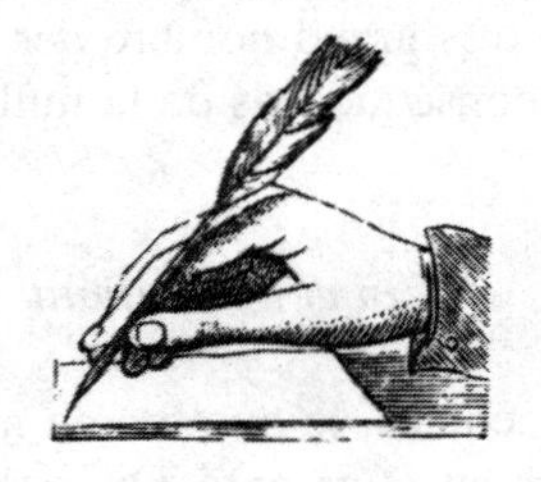

CHAPITRE 3

LA TRENTE-SEPTIÈME DÉCIMALE

Orales, les mathématiques sont fragiles, donc. Écrites, elles le sont aussi. Chose étrange, *a priori*, une cause de fragilité réside dans le très grand nombre des publications : ce chapitre explore certaines conséquences de la multiplication des articles de mathématiques.

Vrai et insignifiant

Depuis quelques décennies, le nombre de mathématiciens dans le monde a considérablement augmenté. On estime qu'il est passé de 3 000 en 1900 à plus de 50 000 aujourd'hui. Ce point n'a pas été évoqué jusqu'ici parce qu'il n'influe pas sur leurs paroles. Parler se fait en privé ; si je ne suis pas dans le bureau où se tient la conversation, c'est pour moi comme si elle n'existait pas ; et le fait que, de par le monde, il y ait des milliers de bureaux où des milliers de mathématiciens sont en train de parler n'a pas de conséquences. Il en va tout autrement en ce qui concerne l'écrit. Même l'article que je ne lis pas, que je ne vois pas passer tant les articles sont nombreux, même celui-là a une conséquence sur mon travail : il contribue à altérer la nature de la vérité mathématique. Pour comprendre cette altération, comparons le statut d'un résultat très ancien, tel le théorème de Pythagore, et le statut d'un résultat récent, tel le dernier théorème publié ce matin même dans une revue de recherche mathématique.

D'un point de vue abstrait de «philosophie pure», rien ne les sépare. Ces théorèmes appartiennent à un seul et même massif. L'un et l'autre sont des vérités mathématiques, fondées sur des principes de logique supposés universels. Les milliers d'années écoulées entre la découverte du premier et celle du second sont une circonstance somme toute secondaire, comparée au fait que tous deux bénéficient de ce statut de «vérité éternelle» que seules les mathématiques semblent pouvoir offrir à une œuvre humaine.

En revanche, d'un point de vue sociologique, ces théorèmes n'ont rien à voir. Le théorème de Pythagore fait partie d'un patrimoine commun à la plus grande partie de l'humanité. Des Babyloniens aux Grecs, des Chinois aux Arabes, il n'a cessé d'être découvert et redécouvert, interprété et réinterprété, recevant des dizaines de démonstrations différentes, où s'exprime le génie de chaque civilisation. Au contraire, le dernier théorème publié n'est compréhensible que par de rares spécialistes. Il n'a donc, dans les faits, rien d'universel. Et il a toutes chances d'être éphémère. Dans le meilleur des cas, un spécialiste tentera de le raffiner, pour publier à son tour. Suite à quoi, le théorème s'endormira dans les bibliothèques. La chance qu'un prince charmant vienne le réveiller est minime, et, le temps que vous lisiez le paragraphe qui s'achève ici, ce dernier théorème n'est déjà plus le dernier, tant les publications s'amoncellent vite... En 1989, le mathématicien français Pierre Cartier a estimé à 250 000 le nombre de théorèmes produits chaque année ; depuis, le rythme a encore augmenté.[1]

Ainsi, les circonstances entourant le théorème de Pythagore et celles entourant le théorème de ce matin diffèrent de façon si radicale que le sens même de ces théorèmes se trouve affecté. Le théorème de Pythagore a un sens général ; le dernier théorème publié a, sauf exception, un sens particulier. Une réflexion sur la notion de vérité en mathématiques doit donc être à la fois sociologique et philosophique.

Le théorème de Pythagore n'est pas vrai absolument, en ce sens que toute démonstration repose sur des fondements logiques qu'on ne peut jamais justifier ultimement. Pas plus en mathématiques qu'ailleurs, la vérité n'est accessible en soi ; nous ne connaissons que ses manifestations dans des langues humaines. Pris dans le langage, les symboles mathématiques n'atteignent pas plus à l'absolu que le langage lui-même. Parler, c'est toujours interpréter, spécifier, approximer. Dès que nous énonçons le théorème de Pythagore, nous

---

1 Pierre Cartier, *Pour la Science*, n° 146, décembre 1989.

altérons la vérité abstraite et générale qui lui est sous-jacente. Nous donnons à cette dernière une forme parmi mille formes possibles, et au théorème de Pythagore un sens parmi mille sens possibles (mystique, rationaliste, etc.). Par exemple, contrairement aux anciens Grecs, les Occidentaux modernes ne lui attachent plus aucune valeur métaphysique. Peut-être est-il éternel en tant que vérité platonicienne, mais en tant que vérité concrète, c'est-à-dire exprimée par des hommes, il change avec l'usage que ces derniers font de lui ; son sens n'est pas indépendant de leur vision du monde, de la langue qu'ils utilisent pour l'énoncer. Néanmoins, quelles que soient les limites des certitudes humaines et de la notion de vérité, on peut estimer que, retrouvé par tant d'hommes différents, le théorème de Pythagore «est vrai».

Le théorème né ce matin a un statut différent. Il a vu le jour dans la hâte de la compétition du «publier ou périr» ; il ne pourrait être discuté que par la poignée de collègues ayant reçu exactement la même formation que l'auteur – non seulement la formation mathématique générale, mais encore la même formation spécialisée, les mathématiques étant, comme toutes les branches du savoir, éclatées à l'extrême. En outre, il n'est pas rare que la démonstration du théorème n'ait été vérifiée que par deux personnes – l'auteur et le rapporteur de la revue où il paraît – et ne soit plus jamais vérifiée après la parution ; la probabilité qu'il soit erroné n'est donc pas négligeable. Les articles étant souvent ésotériques et loin de la réalité matérielle, les erreurs restent sans se manifester – contrairement au pont censé s'écrouler si les ingénieurs se trompent dans leurs calculs. Le théorème de ce matin illustre ainsi un paradoxe connu : la recherche effrénée et exclusive de la vérité rend indifférent aux remarques ou aux critiques du «vulgaire», donc mène à un ésotérisme qui finit par échapper à tout contrôle ; piégé par ses propres constructions, le chercheur en vient à prendre celles-ci pour la vérité.

La question des erreurs – d'autant plus probables que l'article est plus ésotérique – n'est pourtant pas la plus intéressante ici. Imaginons un article que tous les mathématiciens confirmeraient si, délaissant leurs propres travaux, ils l'examinaient soigneusement. Dirons-nous qu'il est vrai au même titre que le théorème de Pythagore ?

Reposons la question brutalement. Un résultat insignifiant mérite-t-il le nom de vérité ? Pour R. Thom, la réponse est non : «Ce qui limite le vrai, ce n'est pas le faux, c'est l'insignifiant».[2] Les spécialités tendent à s'auto-entretenir ; elles prolifèrent et se ramifient sans fin, ne prennent pas de recul critique sur elles-mêmes. Les articles mettent en œuvre des techniques, sans réfléchir à la vision du monde sous-tendue par ces techniques. Beaucoup répondent à des questions que nul ne se posait, et ne sont cités dans aucun article ultérieur. Or, étant donné le mode de fonctionnement des sciences, un résultat n'a de valeur que s'il concourt à préparer de nouveaux résultats.

Certes, on ne sait jamais d'avance ce qui se révélera fructueux ; peut-être, donc, l'infime proportion d'articles promis à avoir un écho suffit-elle à justifier l'existence des autres. Reste à caractériser ceux qui n'ont et n'auront de sens que pour deux ou trois spécialistes : vrais, admettons-le, mais, avant tout, insignifiants. Qu'ils aient exigé travail et talent ne change rien.

L'augmentation du nombre de chercheurs a accru chez eux la tendance au suivisme intellectuel.[3] Le principe selon lequel le quantitatif finit par se transformer en qualitatif rencontre ici une nouvelle application. Lorsqu'il y a trop de chercheurs et qu'ils trouvent trop de vérités, ces vérités perdent presque toute substance. On éprouve du vertige devant la lente transmutation qui, de résultats aussi universels et nécessaires, semble-t-il, que le théorème de Pythagore, mène imperceptiblement à ces culs-de-sac érudits et vains que sont tant de théorèmes...

Vérité ou simple consensus ?

À juger ainsi, je m'expose à la question : de quel droit ? Je répondrai : du droit de l'observateur. La vérité d'un résultat ne se réduit pas à sa seule vérité interne, réservée aux spécialistes qui la comprennent (et ne comprennent qu'elle), puis en attestent vis-à-vis des gens extérieurs, bien obligés de les croire. Sa vérité, c'est aussi d'être un parmi un pullulement. Et peut-être bien ce pullulement est-il plus significatif que la vérité interne.

Chaque mathématicien ne peut prendre connaissance que d'une proportion infime de l'énorme masse des résultats quotidiens. Pourtant, sitôt

2 R. Thom, *Prédire n'est pas expliquer*, Eshel, 1991, p. 132.
3 F. Lurçat, *L'Autorité de la science*, Cerf, 1995.

publiés, les résultats sont réputés être partagés par l'ensemble de la profession : nul n'est censé les ignorer. Un chercheur ne doit pas publier un résultat «déjà connu» – c'est-à-dire déjà oublié dans les bibliothèques ! S'il est surpris à le faire, un doute plane sur son honnêteté. Naturellement, on peut parier que, vu la masse de résultats, les republications, volontaires ou accidentelles, sont nombreuses, sans que, en général, personne ne s'en rende compte... En tous cas, l'originalité d'un scientifique n'a rien à voir avec celle d'un écrivain. Un écrivain peut dire, comme Prévert, que 16 et 16 ne font surtout pas 32, mais il ne viendrait à l'esprit d'aucun scientifique, pour faire original, de remplacer un résultat juste par un résultat fantaisiste. En somme, les résultats publiés ont le statut de vérités qui s'imposent à tous ; ils sont ce que l'on nomme des lieux communs. L'originalité du scientifique consiste à s'appuyer sur ces lieux communs, c'est-à-dire l'ensemble des résultats antérieurs, afin d'aller plus loin, c'est-à-dire trouver un nouveau lieu commun. Ainsi perdure le mythe d'un progrès cumulatif des mathématiques.

Le terme «lieu commun», que je viens d'utiliser, souligne qu'en sciences comme ailleurs, une vérité est d'abord un résultat admis par une certaine communauté. Tous les mathématiciens, par exemple, considèrent désormais le théorème de Fermat comme démontré, donc comme vrai. Toutefois ils doivent être moins de un sur cent à avoir vérifié la démonstration proposée par A. Wiles en 1994. Les autres, agissant comme dans toutes les professions, font confiance à leurs collègues. Pareille attitude s'explique : si un mathématicien consacre trop de temps à vérifier les résultats de ses collègues, il ne lui en reste plus pour ses propres travaux.

Ainsi les mathématiciens sont moins théoriciens qu'on ne les imagine de l'extérieur, et plus praticiens. Ils préfèrent produire des résultats qui les satisfont, plutôt que de se perdre en supputations sur la validité théorique de leur démarche. Le témoignage suivant confirme que tel est bien leur état d'esprit. «Les fondations des mathématiques sont plus fragiles que les mathématiques que nous faisons. La plupart des mathématiciens adhèrent à des fondements qui sont reconnus pour être des fictions polies» écrit l'Américain William Thurston (lauréat de la médaille Fields en 1982).[4]

---

4 *On Proof and Progress, in Mathematics, Bulletin of the American Mathematical Society*, Vol. 30, n° 2, avril 1994.

Pourquoi les mathématiciens sont-ils si peu troublés par une telle défaillance de leur discipline ? Parce que ce qui les intéresse, c'est, plus encore que le savoir, la compréhension personnelle. «Nous prouvons les choses dans un contexte social, et les proposons à un certain auditoire», ajoute W. Thurston. Une démonstration contient forcément du sous-entendu, c'est-à-dire des assertions qui iront de soi pour tel auditeur et pas pour tel autre ; elle dépend donc de ceux devant qui on la fait. Voilà de quoi malmener la légende des mathématiques comme lieu de la rigueur irréprochable et de la formalisation parfaite !

On peut interpréter la position de W. Thurston renonçant aux vérités absolues comme l'écho chez les mathématiciens d'un phénomène plus vaste : l'actuelle crise de la vérité. Cette crise immense, multiforme, a de nombreux effets sur les sciences. Par exemple, j'ai dit que l'explosion du nombre de chercheurs altérait la vérité de leurs résultats. La crise théorique de la vérité remonte plus loin. Témoin, la célèbre phrase écrite en 1901 par le logicien et philosophe britannique Bertrand Russell (1872-1970) : «En mathématiques, on ne sait jamais de quoi on parle, ni si ce qu'on dit est vrai».[5] Les mathématiques ne sont pas sorties de la crise des fondements née à la fin du XIXe siècle. Pour une discipline abstraite comme elles, ne pas pouvoir garantir les fondements, c'est ne pas être sûres d'atteindre la vérité.

En cela, précisément, les mathématiques dites «modernes» méritent ce qualificatif. Le mathématicien et historien des mathématiques canadien Hardy Grant, en effet, caractérise les modernes comme ceux qui, contrairement aux classiques, ne se croient plus capables d'atteindre à la vérité. Depuis les Grecs jusqu'à la Renaissance (en gros), prévalait la conception selon laquelle :

– les questions authentiques ont une réponse vraie et une seule, le reste étant forcément erroné ;

– il doit exister une voie sûre pour découvrir ces vérités ;

– ces réponses vraies, une fois trouvées, doivent être compatibles entre elles et forment un tout.[6]

---

5 B. Russell, *Recent Work on the Principles of Mathematics*, in *International Monthly*, 4 (1901), p. 84.

6 Ce paragraphe et les trois suivants résument un article de Hardy Grant, *What is Modern about "Modern" Mathematics ?*, in *The Mathematical Intelligencer*, Vol. 17, n° 3, 1995.

La mise à mal de cette conception fut essentiellement l'œuvre du romantisme allemand. La montée du nationalisme et celle de la conscience historique sont allées de pair avec l'idée que chaque groupe, chaque nation, a son point de vue unique sur le monde, possède ses valeurs et ses expériences propres, qui peuvent n'avoir aucun rapport avec les expériences d'autres nations. Aux yeux des modernes, ce que les générations précédentes avaient pris pour «le monde» n'était que «le monde vu à travers les lunettes de l'habitude».

Les mathématiques des XIXe et XXe siècles s'inscrivent dans ce mouvement : elles insistent sur la forme et la structure plus que sur le contenu. Les axiomes cessent d'énoncer des vérités d'évidence pour devenir de simples présupposés, plus ou moins arbitraires. La cohérence interne d'un système d'axiomes devient le critère de sa validité, et les systèmes coexistent en étant mutuellement incompatibles. La géométrie euclidienne elle-même, pendant longtemps l'archétype de la vérité objective et du savoir incontestable, cesse d'apparaître comme la nécessaire structure de la réalité, et apparaît simplement comme «le monde vu à travers les lunettes de l'habitude». En 1823, le Hongrois Janos Bolyai (1802-1860), tout au bonheur d'avoir découvert une géométrie où l'on peut mener par un point une infinité de parallèles à une droite, se réjouit d'avoir créé «un autre monde tout à fait nouveau à partir de rien». Voilà bien quelque chose que jamais Euclide n'aurait dit!

Les contacts entre les structures mathématiques et la «réalité» sont de plus en plus mystérieux, voire sans pertinence, aux yeux de certains mathématiciens. Attitude contre laquelle d'autres portent des critiques qui rappellent les attaques contre l'art moderne : poussée trop loin, la liberté de création individuelle semble mener à la stérilité, à une décourageante accumulation d'exercices scolastiques.

Ces observations de H. Grant ne signifient pas que nous ayons totalement et définitivement renoncé à la vérité. Le désir de la vérité reste, l'interrogation sur elle reste. C'est, sous nos yeux nostalgiques, l'espoir de l'atteindre qui s'est évanoui.

Un autre phénomène contribue à rendre la vérité mathématique moins assurée : l'omniprésence des ordinateurs. Les mathématiciens disent souvent que les mathématiques sont une science expérimentale. Ce fut longtemps une boutade, chargée simplement de rappeler ce que les non-mathématiciens oublient parfois : les démonstrations ne sont pas tout. Avant de démontrer, il faut avoir une idée de ce qu'on veut démontrer et de la façon de s'y prendre ; cette idée ne peut naître que d'expériences (calculs, figures, etc.). Depuis les ordinateurs, ce même propos n'a presque plus rien d'une boutade, tant les mathématiciens font d'expérimentations, aux dépens des démonstrations. Seulement, pour avoir l'impression d'atteindre la vérité absolue, expérimenter est moins satisfaisant que mener à son terme un raisonnement hypothético-déductif. De fait, les mathématiciens ont le sentiment de toucher la vérité de moins près. Alain Connes (médaille Fields en 1982) écrit : «Quand on effectue un long calcul algébrique, la durée nécessaire est souvent très propice à l'élaboration dans le cerveau de la représentation mentale des concepts utilisés. C'est pourquoi l'ordinateur, qui donne le résultat d'un tel calcul en supprimant la durée, n'est pas nécessairement un progrès. On croit gagner du temps, mais le résultat brut d'un calcul sans la représentation mentale de sa signification n'est pas un progrès».[7]

La vérité mathématique risque même de devenir carrément triviale, à en croire ceux qui s'attendent à voir un jour des articles commençant ainsi : «Nous montrons que telle conjecture est vraie avec une probabilité supérieure à 0,99999 et que sa vérité complète pourrait être obtenue avec un budget de dix milliards de dollars».[8]

Crise de la vérité et essor de la sociologie

La crise de la vérité contribue à expliquer pourquoi la sociologie des sciences a pris, depuis quelque temps, de l'ascendant sur la philosophie des sciences. De cet ascendant nouveau témoigne, par exemple, le fait que, dans les années 1970, la notion de «révolution scientifique» a plus ou moins supplanté celle de «rupture épistémologique». Aujourd'hui, on analyserait plutôt les sciences en termes de réseaux, d'interactions. Révolution, réseau : ces images renvoient au social, et non plus aux concepts de la «pure philosophie».

Une grande différence entre la sociologie et la philosophie ne réside-t-elle pas, justement, dans la façon dont elles considèrent la

---

7 A. Connes, *À la recherche d'espaces conjugués*, in *Sciences et imaginaire*, Ilke Angela Maréchal dir., Albin Michel, 1994.

8 D. Zeilberger, *Theorems for a Price : Tomorrow's Semi-Rigorous Mathematical Culture*, in *The Mathematical Intelligencer*, vol. 16, n° 4, 1994.

vérité ? Pour un philosophe, la question de la vérité est essentielle. Il n'aura jamais l'impression de comprendre quoi que ce soit aux sciences s'il ne s'interroge pas sur ce qu'elles disent et ce qu'elles veulent dire, sur leur sens, la valeur de leurs affirmations – bref sur leur vérité. Cette exigence théorique a pour contrepartie une certaine indifférence aux conditions réelles dans lesquelles les scientifiques travaillent. On a souvent reproché à la philosophie des sciences de confondre les sciences telles qu'elles se présentent devant le public avec les sciences telles qu'elles se font. De croire à la méthode scientifique, parce que les scientifiques en parlent après coup, et de ne pas aller voir comment ça se passe réellement, dans la confusion, le hasard, l'effort, les discussions informelles. D'où une tendance normative de la philosophie, qui parle de «la» science, sans toujours prendre en compte la diversité hétérogène des pratiques.

À l'inverse, un sociologue ira observer le comportement d'une communauté de scientifiques : les luttes pour le pouvoir, les réseaux d'influences et d'amitiés, les façons de faire valider un résultat, d'obtenir de la reconnaissance... Il ne s'interrogera pas sur les contenus. À force de privilégier le jeu des acteurs sur la pertinence des découvertes, tel sociologue va jusqu'à écrire : «Il n'y aurait plus de noyau dur de la science qui échappe à l'analyse sociale».[9] On peut alors reprocher au sociologue de ne pas prendre en considération ce qui fait la spécificité du scientifique parmi les intellectuels (tous pris dans le même genre de réseaux de pouvoirs) : le type de vérité auquel il s'attache. Un sociologue parlera plus volontiers «des» sciences, sans trop chercher à voir ce qui fait leur unité.

La science ? Les sciences ? La langue courante hésite, en viendrait presque à écrire : «La science est composée des sciences» ! Si je dis plutôt «les sciences», c'est que, plongé dans le milieu scientifique, je suis sensible à la diversité des pratiques et des conceptions d'une science à l'autre. Pour autant, je ne conteste pas qu'il soit intéressant d'essayer de mettre au jour en quoi consiste l'unité entre les sciences – ce qu'on nommera «la science».

Trop de sciences se sont enfermées dans une technicité telle que le commun des mortels ne peut plus juger de la vérité de leurs résultats. Une forme profane de la vérité a pris alors le relais :

---

9 D. Vinck, *Sociologie des sciences*, Armand Colin, 1995, p. 94.

l'efficacité. «C'est vrai puisque ça marche». Ce propos n'est pas tout à fait faux, bien entendu ; les sciences ont assez montré leur puissance pour prouver qu'elles disent véritablement quelque chose du monde. Seulement, chaque problème résolu en fait naître d'autres, parfois pires, où notre société est empêtrée. L'inefficacité globale, dirait-on, croît en proportion des efficacités locales. Pareil phénomène prouve-t-il quelque impuissance, donc une espèce de fausseté des sciences ?

On comprend alors le succès de la thèse attribuée à l'épistémologue autrichien Karl Popper (1902-1994), déjà évoquée au chapitre premier : «Une théorie est scientifique si et seulement si elle est susceptible d'être réfutée ; elle n'est pas vraie, mais tout au plus admise provisoirement». Vis-à-vis de l'extérieur, cette thèse offre une belle position de repli aux scientifiques. Se présenter avec assurance comme porteurs de vérité est devenu délicat ; la société leur fait moins confiance. Popper permet d'évacuer la question de la vérité. Là encore, le sociologique étouffe le philosophique : on tient pour valide toute théorie que la communauté scientifique concernée admet en ce moment. Plus encore que de la fausse modestie, se retrancher derrière Popper ressemble presque à une pratique de restriction mentale : «Je suis scientifique ; donc vous devez me faire confiance même si ma théorie est appelée à se révéler fausse. Et si elle a des conséquences fâcheuses, la science n'est pas responsable, et vous devez la subventionner, puisqu'elle et elle seule saura corriger son erreur.» Du coup, la thèse de Popper est souvent adoptée, quoiqu'elle ne décrive pas bien la situation réelle. Les journalistes américains W. Broad et N. Wade me semblent plus exacts lorsque, la contestant, ils écrivent : «Quelle que soit la vigueur des réfutations émises à l'encontre d'une théorie, les scientifiques se cramponnent à cette dernière, et souvent pendant longtemps, en tout cas jusqu'à ce qu'il en apparaisse une meilleure».[10]

Les scientifiques, qui osent moins se targuer d'efficacité aujourd'hui que voici 20 ou 30 ans, en viennent parfois à se réclamer d'une forme de vérité encore plus affaiblie que l'efficacité : le ludique. Ainsi, le mathématicien Benoît Mandelbrot, militant pour

10 W. Broad, N. Wade, *La souris truquée*, chapitre 7, rééd. Seuil, Points Sciences, 1994, p. 160.

l'enseignement des fractales à l'école, suggère de «suivre les enfants dans l'attraction qu'ils paraissent éprouver pour les fractales». «Les fractales ont le pouvoir d'attirer les foules de façon spontanée» affirme-t-il.[11]

Dans le contexte de crise de la vérité, recourir aux techniques de la communication, comme font certains scientifiques, n'est pas anodin. À partir du moment où on renonce à la vérité, communiquer n'est pas seulement la forme moderne de l'art immémorial consistant à faire taire ceux qui pourraient vous mettre en difficulté. Communiquer devient à la fois le moyen et la fin. Promouvoir les sciences en recourant aux techniques utilisées pour la commercialisation de n'importe quel «produit» sous-entend que les sciences n'ont aucune vérité spécifique à offrir. Vulgariser est sain, mais communiquer n'est pas vulgariser : c'est se couler dans le moule des médias, donc admettre que les sciences sont d'intérieur vide et ne disent rien, puisque ce qui sera décisif, c'est le plus ou moins grand savoir-faire d'Untel ou Untel dans les médias. Lorsque le CNRS diffuse auprès des chercheurs une charte pour leur dire comment se comporter avec la presse (il l'a fait en 1994), nous voilà loin du vieil adage «La vérité se manifeste d'elle-même» ! Je l'avoue : voir une communauté aussi altière que celle des mathématiciens se mettre, fût-ce modérément, à «jouer le jeu de la communication», m'étonne. Ainsi, l'idéal social le plus fade peut influencer la corporation la plus orgueilleuse...

Je ne souhaite évidemment pas que les scientifiques vivent en autarcie. Heureusement que des influences réciproques existent entre eux et la société ! Cependant, l'actuelle tendance à vouloir gommer les spécificités est excessive. Comme si, à force de s'atomiser, les lopins cultivés par les spécialistes donnaient l'impression de perdre toute physionomie propre. Je crois au contraire que restent des «noyaux durs». Nous les percevons implicitement. Pourquoi, sinon, donnerions-nous le même nom, par exemple celui de mathématicien, à un Grec de l'Antiquité et à un chercheur travaillant aujourd'hui ? Il existe une permanence à travers le temps, l'espace, les bouleversements intellectuels, de quelque chose de spécifique, qu'on peut nommer «les mathématiques». Expliciter

---

11 *Pour la science*, n°214, août 1995 et n° 216, octobre 1995.

cette permanence exige de cerner ce que les mathématiques ont d'irréductible, la nature de leurs vérités, leur éventuelle essence. Travail difficile, proprement philosophique.

Tous fraudeurs ?

Par une autre de ses conséquences, l'accroissement du nombre de chercheurs malmène la vérité. En sciences comme partout, la «massification» entraîne une détérioration des mœurs. Les affaires de fraudes sont devenues fréquentes. De plus en plus souvent depuis une vingtaine d'années, les pratiques douteuses en sciences font l'objet de dénonciations. Vols d'idées, fabrications de données, occultations de résultats gênants, mises sur la touche de rivaux... À force de lire des dossiers sur ces sujets, on finit par avoir l'impression que la cité scientifique est aussi mal famée qu'une banlieue déshéritée! Il serait dommage, toutefois, de s'en tenir à une analyse purement sociale du phénomène des fraudes. Il faut aussi réfléchir à la notion de fraude, parce que c'est une façon de poser à nouveau une question philosophique, celle de la vérité. Voyons-le.

Notre époque aime désacraliser les grands hommes. Parallèlement à la dénonciation des fraudes ordinaires, ont vu le jour des livres montrant que ces grands hommes, eux aussi, avaient fraudé. Isaac Newton manipulant des données, énonçant la loi de la gravitation sur la base d'une seule coïncidence numérique approximative et d'observations insuffisantes.[12] Louis Pasteur suivant des intuitions destinées à se révéler fécondes, mais hardies jusqu'à l'inconscience, voire erronées.[13] Gregor Mendel donnant un coup de pouce à ses décomptes de pois pour qu'ils prouvent les lois de la génétique.[14] Jusqu'à Hipparque et Ptolémée, personne n'est épargné.

Là, soudain, quelque chose ne va plus : à vouloir trop prouver... Si tous les chercheurs sont fraudeurs, aucun ne l'est. La question

---

12 W. Broad, N. Wade, *op. cit.*, p. 32-33.
E. P. Wigner, *The Unreasonable Effectiveness of Mathematics in the Natural Sciences*, in *Communications on Pure and Applied Mathematics*, vol. XIII, 001-14, 1960.
13 J.-P. Lentin, *Je pense donc je me trompe*, Albin Michel, 1994, p. 86.
14 W. Broad, N. Wade, *op. cit.*, p. 37-39.

change de nature et devient : quelle pertinence la notion de fraude a-t-elle ? On ne peut en rester à l'attitude spontanée – un peu bien pensante, sinon «politiquement correcte» – qui consiste à condamner. Il faut se demander ce que c'est, frauder.

Laissons de côté le vol d'idées, qui n'a rien de spécifique, même s'il peut prendre des modalités propres aux sciences (par exemple, un rapporteur pour une revue retardant la parution d'un article soumis à la revue, le temps de se l'approprier). La fraude la plus typique consiste à annoncer un résultat tout en bluffant, voire en mentant, sur les moyens qu'on a pour l'établir. La postérité, confondant moralité et pertinence scientifique, juge de façon très injuste ce genre de comportement, s'il vient à être connu : elle couvre d'opprobre celui qui a fraudé pour défendre un résultat finalement rejeté, et pardonne, voire occulte, la fraude de celui qui a défendu un résultat finalement retenu. Quelqu'un comme le psychologue anglais Cyril Burt (1883-1971) nous répugne : pour défendre une idée sans doute fausse (l'hérédité de l'intelligence) et idéologiquement déplaisante, il a inventé de toutes pièces, au long des années 1940-1960, des études sur les quotients intellectuels des jumeaux. Cependant nous oublions que Newton, qui a défendu des théories «justes», ne fut pas lui-même un «juste», loin de là. «Pour le moraliste, il ne doit être fait aucune distinction entre un Newton, qui mentit au nom de la vérité et eut raison, et un Burt, qui mentit au nom de la vérité et eut tort», soutiennent au contraire W. Broad et N. Wade.[15]

L'opposition que font W. Broad et N. Wade entre «avoir raison» et «avoir tort» vaut toutefois qu'on l'examine. Elle n'est pas toujours aussi radicale qu'ils le sous-entendent. Certes, il est des circonstances où elle est en effet radicale : si faire de la science consiste à «calculer la trente-septième décimale», suivant une expression chère à R. Thom pour désigner l'insignifiance même, alors oui, toute fraude est un tort. Calculer la trente-septième décimale, c'est en effet se placer dans le cadre d'une théorie établie, s'y tenir sans chercher à la discuter ni réfléchir à sa portée et à ses limites, et la raffiner indéfiniment. Cette attitude indignait Victor Hugo : «L'exact pris pour le vrai !».[16] Dans une telle optique, la moindre entorse à l'exactitude est

15 W. Broad et N. Wade, *id.*, p. 272.
16 Victor Hugo, *Dieu,* «Fragments», Ed. Intégrale, Seuil, T. 3, p. 448.

condamnable comme une fraude caractérisée, puisque l'exactitude est le tout de votre activité. Quand on n'a d'autre exigence que la méthode, on doit avoir toute la méthode pour exigence, et ne s'autoriser aucun manquement aux procédures reconnues. Même portant sur la plus lointaine des décimales, toute tromperie est grave ; elle entache une construction souvent efficace, sur le plan matériel, et toujours sécurisante, sur le plan psychologique.

La notion de fraude est d'autant mieux adaptée qu'on l'applique à une recherche moins signifiante. Trafiquer la décimale dont personne ne fera rien, qui ne sera jamais vérifiée, est tentant, et permet d'allonger à moindres frais une liste de publications. C'est bien contre de tels procédés que se concentrent beaucoup de dénonciations. Leur sensationnalisme («*x* pour cent des chercheurs en connaissent un qui a fraudé») dessine en creux une idéologie implicite scientiste. Elles aussi confondent l'exact et le vrai, et font du vrai une espèce d'entité sans épaisseur, immobile. Soit on est pile dedans, et on est à la fois un homme honorable et un bon scientifique, qui fait avancer sa science ; soit on s'en écarte, et on est un méprisable fraudeur, qui encombre.

Ce genre de critique omet en outre un point : l'exactitude peut, même sans fraude, être fallacieuse, car il n'est pas exclu que certaines décimales soient à la fois exactes et fausses! Expliquons-nous. Les sciences ne sont jamais parfaitement fondées. Chacune s'appuie sur une voisine, lui délègue le soin d'assurer ses fondements, tout cela en une espèce de monumental cercle vicieux qui choquait déjà Montaigne.[17] Ainsi, les mathématiciens s'intéressent peu à la logique, et abandonnent à cette dernière la délicate réflexion sur ce qu'est une démonstration ; ils ne se soucient guère de savoir si les règles de logique qu'ils tiennent pour universelles ne sont pas en fait plus ou moins dépendantes de la structure de la langue qu'ils parlent. De même, rares sont les physiciens qui s'interrogent sur les limites du

17 «Nous avons pris pour argent comptant le mot de Pythagore, que chaque expert doit être cru en son art. Le dialecticien se rapporte au grammairien de la signification des mots ; le rhétoricien emprunte du dialecticien les lieux des arguments ; le poète, du musicien les mesures ; le géomètre, de l'arithméticien les proportions ; les métaphysiciens prennent pour fondement les conjectures de la physique. Car chacune science a ses principes présupposés par où le jugement humain est bridé de toutes parts», *Essais*, II, XII, éd. Villey, PUF, 1965, p. 540.18 D. Vinck, *Sociologie des sciences,* op. cit., p. 109.

recours à l'expérience, ou qui se demandent s'ils étudient vraiment la «réalité matérielle», et non des artefacts induits par leurs appareils ou par leurs concepts. Inventant un mot heureux, un sociologue écrit : «Les croyances scientifiques s'entre-tiennent».[18]

Les résultats ne sont donc exacts qu'au sein d'une construction. Personne ne sait vraiment quelle est la solidité du point d'ancrage de cette construction à la réalité. C'est dire que le risque de scolastique n'est jamais écarté. Peut-être les sciences forment-elles un vaste ensemble autoréférent, au sein duquel tout conforte tout, sans que rien ne prouve rien... Une telle inquiétude est-elle excessive ? En tous cas, la possibilité même de frauder l'alimente. Si des affirmations mensongères ou erronées peuvent être proférées sans qu'aucune discordance perceptible entre elles et la réalité matérielle ne vienne aussitôt les révéler, c'est que l'objectivité des sciences n'est pas assurée. À tout le moins, il y a du jeu entre la réalité et la construction scientifique.

Pas plus qu'aucune activité humaine, les sciences ne peuvent se fonder elles-mêmes. L'exactitude est un bon moyen pour écarter le vertige devant l'incertitude des fondements : beaucoup de scientifiques la considèrent comme une garantie suffisante. Ils se contentent là d'une attitude peu exigeante. Certes, s'ils pratiquent une méthode apprise, selon les règles admises, ils ne sont pas fraudeurs. Néanmoins, à ne jamais s'interroger sur le sens de leur activité, sa validité, ses fondements, n'usurpent-ils pas dans une certaine mesure leur titre de chercheurs ?

Fraudeurs ou audacieux ?

Faire des sciences ne consiste pas seulement à mesurer ou à calculer avec le plus d'exactitude possible. C'est aussi penser. L'opposition avoir tort/avoir raison devient alors encore plus incertaine, car il n'est pas de vraie pensée sans hardiesse. Penser, c'est se frayer un chemin dans le fouillis du réel, y chercher un ordre tout en ayant conscience que cet ordre exprime peut-être moins la vérité objective que notre désir effréné qu'il y ait effectivement un ordre.

18 D. Vinck, *Sociologie des sciences*, op. cit., p. 109.

Comme toute tentative de prise de pouvoir, penser ne va pas sans brutalité. La pensée ne naît pas de l'accumulation de faits, mais d'un coup de force. «Le réel est toujours dans l'opposition», remarque Valéry.[19] Vouloir tenir compte de «tout» n'a aucun sens, mène à la paralysie : l'homme à la mémoire parfaite décrit par Jorge Luis Borges dans *Fictions* est un simple d'esprit. Ce n'est pas penser, que de vouloir assurer tous ses arrières. Ce que nous disons du monde contient toujours du faux. Si on s'interdisait d'énoncer une loi tant qu'elle n'est pas corroborée par toutes les mesures, on n'en énoncerait jamais. Newton aurait dû rester muet, et attendre qu'Einstein vienne le contredire ! Une loi est autre chose qu'une formule synthétisant des corrélations. Elle ne peut pas être «la vérité», car nous ignorons le fin mot des choses d'ici-bas, mais elle doit pourtant «lever un coin du voile», c'est-à-dire aller au-delà des faits, alors même qu'il y en a toujours qui restent inconnus et que jamais les mesures ne la confirment exactement. Les physiciens s'inquiètent parfois quand des résultats expérimentaux cadrent trop bien avec une théorie : ils craignent la présence de cercles vicieux, d'artefacts. D'habitude, il reste toujours quelque chose qui ne «colle» pas.

Il faudrait que la certitude absolue soit offerte à l'homme, pour qu'on doive à tout coup blâmer un chercheur passant outre des résultats qui le gênent. Espérer avoir trouvé une vérité destinée à triompher de l'opposition du réel – quoi de plus humain ? Après tout, on donnera peut-être un jour une autre explication à ces résultats, une explication qui les rende compatibles avec l'hypothèse de notre chercheur. Qui sait même si on ne se rendra pas compte qu'ils étaient faux ? Le chercheur fera peut-être avancer plus vite sa science en soutenant son hypothèse qu'en se laissant intimider par les résultats contradictoires avec elle ! Leonhard Euler (1707-1783), que ses contemporains surnommaient «l'analyse incarnée», n'a pas toujours respecté les précautions de calculs qu'il avait lui-même préconisées ; il est parfois «tombé dans l'absurde», selon l'expression de Bourbaki[20] : ses coups de force, toutefois, ont ouvert des voies et été plus fructueux pour les mathématiques que s'il était resté trop sage.

---

19 P. Valéry, *Mauvaises pensées et autres,* M, *Œuvres,* Pléiade, T. II, p. 866.
20 Bourbaki, *Éléments d'histoire des mathématiques*, Masson, 1984, p. 252.

À en croire le discours que les sciences tiennent aujourd'hui sur elles-mêmes, la rigueur (démonstrative ou expérimentale) prime, tranche en dernier ressort : une intuition non démontrée n'est pas scientifique. Il se trouve que la rigueur a, sur l'intuition, l'avantage d'être plus démocratique. Elle peut s'acquérir, au moins en partie, même par celui qui est «peu doué». Elle nous donne une impression de maîtrise : enseignons la rigueur, il en restera quelque chose. D'où son prestige officiel. En fait, les scientifiques prisent bien plus l'intuition, l'imagination, car le moteur de la création est de ce côté-là. L'essentiel, le difficile, c'est d'avoir une idée. Peu importe qu'elle soit insuffisamment fondée, voire fausse. Si elle est riche, la rigueur finira toujours par venir ; l'idée deviendra alors banale, ce qui lui fera perdre de son attrait. Seulement, en nos jours où tout le monde veut avoir l'air démocrate, l'intuition est mal vue, car c'est une qualité d'élite, presque impossible à enseigner. Elle est injuste. À chacun, il peut arriver d'avoir quelque conviction que les apparences rendent *a priori* peu vraisemblable ; certains triomphent, d'autres sombrent.

L'opposition entre rigueur et intuition n'est pas absolue. La notion même de rigueur n'est pas... rigoureuse. Il faut parfois une intuition très fine pour déceler une faille dans une démonstration ou dans une expérience. Inversement, l'effort d'empathie avec la nature a sa rigueur. Pour être sûr de sa théorie, Einstein n'a pas attendu que des mesures de déviation gravitationnelle l'aient confirmée. Galilée a pratiqué des «expériences de pensée» sur la chute des corps dans le vide. Certains chercheurs sont grands précisément pour avoir su faire passer leur conviction intime avant les données expérimentales. Pourquoi l'intuition serait-elle forcément subordonnée à l'expérimentation, pourquoi serait-elle forcément moins digne d'être crue ? Comme si les expériences ou les mesures ne trompaient jamais... Un chercheur puissant, créatif, a une vision du monde personnelle, originale. Souvent monomaniaque, sûr de lui, il en est pénétré, veut l'imposer, quitte à bousculer quelques faits. C'est à ce prix que, peut-être, il sera riche pour les autres. C'est à ce risque que, peut-être, il sera stigmatisé comme fraudeur.

Une réflexion approfondie sur la fraude devrait distinguer selon les disciplines. La préhistoire, la biologie, sont parmi les plus touchées. Rien d'étonnant. La préhistoire ne dispose que de renseignements lacunaires, et porte sur une question passionnelle, celle de nos origines.[21] En biologie, les enjeux financiers sont énormes. N'empêche que, là aussi, la notion de fraude mérite, outre une dénonciation de type moral, une analyse subtile. L'existence de l'effet placebo prouve que le vrai et le faux sont dans un rapport beaucoup plus complexe que de simple opposition.

Quant aux mathématiques, nul scandale n'y éclate jamais. Plusieurs raisons peuvent expliquer cela. Les mathématiques sont peu spectaculaires et leurs enjeux financiers faibles, ce qui limite tant le désir de frauder, que la curiosité de «justiciers» qui voudraient mettre au jour d'éventuelles fraudes. De surcroît, les mathématiques sont abstraites ; or on truque un objet plus facilement qu'une idée. Cela dit, il doit bien y avoir autant de «trente-septièmes décimales» fausses en mathématiques qu'ailleurs. Il n'est pas pensable que tous les articles recourant à des formulations comme «le calcul montre que...» soient innocents.

Un monde de mots

Les mots, enfin, jouent également un rôle pour rendre ténue la nuance entre tromperie volontaire et tromperie involontaire. L'expression «se payer de mots» est généralement péjorative. Pourtant, qui reprocherait à un écrivain de se payer de mots, pourvu qu'il le fasse bien ? Le cas de la science n'est, sur ce point, pas très différent de celui de la littérature. La science, c'est raconter des histoires, dit le physicien Jean-Marc Lévy-Leblond.[22] De fait, mettre en évidence ce qui caractérise un texte scientifique par rapport à un texte littéraire est plus difficile qu'on pourrait croire.[23] Il ne suffit pas qu'il soit exempt de formule pour être littéraire, ni qu'il en contienne pour être scientifique. Le mot formule, en outre, n'est pas simple à définir.

---

21 Dès 1932 paraissait un livre, resté classique, sur la fraude en préhistoire : A. Vayson de Pradenne, *Les fraudes en archéologie préhistorique,* rééd. Jérôme Millon, Grenoble, 1993.

22 J.-M. Lévy-Leblond, *La science, c'est raconter des histoires,* in *Sciences et imaginaire*, op. cit.

23 Voir J. et M. Dubucs, *La couleur des preuves,* in V. de Coorebyter dir., *Rhétoriques de la science,* PUF, 1994.

En tous cas, comme la littérature, les sciences ont affaire à la puissance des mots, et à leur danger. On ne sait jamais si telle métaphore ne va pas au-delà de ce qui est légitime. En physique newtonienne, «deux corps s'attirent» : pareille expression pèche-t-elle par anthropomorphisme ? Le couple action/réaction eut son moment de gloire en sciences lorsque le couple cause/effet avait le sien en philosophie ; aujourd'hui, on pense en termes de médiation, et le mot interaction l'emporte : les sciences se laissent-elles trop influencer par des idées, des images, nées ailleurs ?[24] La physique peine avec la dualité onde/corpuscule : est-elle abusée par des mots qui ont un sens au niveau macroscopique, mais pas au niveau quantique ? La biologie parle de code génétique : à partir de quand cette métaphore informatique deviendra-t-elle trompeuse ?

Quel que soit le soin pris pour définir les mots qu'on emploie, on risque de paraître trompé par eux, voire d'être soupçonné de vouloir les utiliser pour forcer la pensée. Les sciences sont une lecture du monde, c'est-à-dire une interprétation, qui repose sur le travail de l'imaginaire. Telle interprétation peut convenir à une époque et pas à une autre. Mal inspiré serait le météorologue qui s'en tiendrait aujourd'hui au déterminisme laplacien. Pourtant, au XVIIIe siècle, ce déterminisme a eu sa vérité. Les sciences construisent leur vision du monde, créent de la vérité, qui change avec le temps, et que les personnalités contribuent à façonner. La force mythique d'une théorie contribue autant à son succès, voire à sa vérité, que son adéquation à la réalité, adéquation impossible à jamais atteindre parfaitement. Une idée trop solidement étayée sur des faits ou des preuves a moins de chances de susciter écho, débat, rêve, intérêt, qu'une idée hasardeuse, tangente, «à la limite». Songeons au Big Bang... Un peu de positivisme est nécessaire, trop est stérilisant.

Ces diverses remarques montrent combien la nuance est fragile, entre bluff, fraude, intuition féconde, chance. Dans tout coup de génie, il y a comme du charlatanisme, car il s'agit toujours d'aller au-delà, de transgresser ce qui est «normalement», «naturellement», offert à l'homme, de soudain refuser ce que «tout le monde» admettait jusque-là. Quand on a demandé à Newton comment il avait

---

24 J. Starobinski, *Action, réaction, interaction*, in F. Ansermet, G. Innocenti, A. et B. Steck dir., *Psyché et cerveau*, Payot, Lausanne, 1993.

trouvé ce qu'il cherchait, il aurait répondu : «En y pensant toujours». Cette phrase inspira au philosophe Georges Canguilhem (1904-1995) une belle réflexion : «Quel sens faut-il reconnaître à cet *y* ? Quelle est cette situation de pensée où l'on vise ce qu'on ne voit pas ? Quelle place pour *y* dans une machinerie cérébrale qui serait montée pour mettre en rapport des données sous contrainte d'un programme ? Inventer, c'est créer de l'information, perturber des habitudes de penser, l'état stationnaire d'un savoir».[25] On voit à quel point la notion de fraude est mal adaptée au cas d'un visionnaire.

Le faux n'est pas la sanction obligatoire, qui tout à la fois démasque et condamne celui, et celui seul, qui triche. Le vrai peut naître d'un faux... Nous ne vivons pas dans un monde stable et clair, qui pousserait la bienveillance jusqu'à faire en sorte que la faute morale soit immanquablement une faute contre le vrai, et réciproquement. La notion de fraude est trop brutale pour rendre compte de tous les dérapages des hommes au cours de la lutte subtile qu'ils mènent dans le désir de comprendre le monde.

Ou alors, c'est un sens prométhéen qu'il faudrait donner à cette notion. Oui, les scientifiques sont tous des fraudeurs, mais quels fraudeurs ! Ils cherchent des lois éternelles et universelles. C'est-à-dire qu'ils refusent de se soumettre à la condition humaine – mortelle, locale. Fraude essentielle, grandiose, s'il en est ! On peut la critiquer, et rappeler les scientifiques à l'humilité. Certes. C'est alors l'affaire de la philosophie, sous toutes ses formes : morale, métaphysique, politique.

25 G. Canguilhem, *Le cerveau et la pensée*, in *G. Canguilhem, Philosophe, historien des sciences*, Albin-Michel, 1993, p. 21..

CHAPITRE 4

DOULOUREUX SECRET

Avoir côtoyé un génie... Combien d'hommes voient dans cette circonstance une occasion inespérée de donner un sens à leur vie ! Eckermann ébloui par Goethe, Las Cases chambellan de Napoléon, Max Brod exploitant la mémoire de Kafka, Hardy ou Dieudonné se mettant au service de Ramanujan ou de Grothendieck... Parfois, je me demande si leur émotion n'est pas aussi naïve que, par exemple, celle d'un supporteur ayant obtenu un autographe d'une vedette du sport, lorsqu'il brandit, triomphant, le bout de papier attestant à jamais que son modeste chemin a croisé celui d'une personnalité destinée à marquer l'histoire.

Un génie, moi aussi j'en ai connu un. Autant vous le dire tout de suite, je ne m'en suis pas rendu compte sur le coup. Il est mort aujourd'hui, son nom ne vous dira rien. Sans doute même n'atteindra-t-il jamais la moindre notoriété, car je n'ai pas l'énergie dévote de ceux qui, tout frétillants à l'idée d'avoir touché le gros lot, accumulent les tournées de conférences afin de convaincre les foules de la grandeur unique du disparu jadis fréquenté par eux. Ma spécialité, excusez-moi, ce sont les mathématiques, et je n'ai jamais considéré que celles-ci pouvaient se donner en spectacle. Je vais d'ailleurs vous le prouver immédiatement.

J'ai rencontré Arnaud de la Place à l'École – je veux dire : l'École normale supérieure. Nous y avons été élèves ensemble et, déjà à l'époque, il détonnait. Le grand souci de chaque élève était de paraître génial, en donnant l'impression de réussir sans rien faire. Mais lui était sérieux, travailleur – et incapable de s'en cacher. Il «méritait» ses succès, chose ridicule à nos yeux de jeunes gens brillants, à qui tout était dû comme allant de soi.

Seul peut-être de notre promotion, je n'ai jamais ri de lui. Du coup, il se confia un jour, une fois. Les mathématiques avaient constitué un refuge inappréciable lorsque, déchiré entre des parents en guerre, il s'y enfermait pour se rendre inaccessible à la douleur. Il leur devait les seuls moments heureux de son enfance et avait horreur de nos attitudes de gosses gâtés, qui ne respectent rien, pas même leurs propres dons. Lui ne jouait pas, ignorait nos facilités, ne se prenait pas pour un propriétaire. Quand bien même, me déclara-t-il, il se révélerait génial et ferait faire aux mathématiques des progrès fantastiques, c'est lui qui resterait en dette vis-à-vis d'elles, non l'inverse. Atrocement timide, les mathématiques étaient tout ce qu'il osait aimer. Je ne dirai pas que nous ayons été amis, Arnaud et moi, car, cette confidence faite, il reprit son attitude renfermée habituelle. Mais une confiance tacite s'établit entre nous, qui dura jusqu'à sa mort.

Après l'École, comme il est d'usage, la promotion s'éparpilla. Et Arnaud continua de faire exception. Non parce qu'il alla le plus haut – Collège de France et Académie des sciences –, mais parce qu'il ne connut jamais ce curieux mélange d'aigreur et d'excessif contentement de soi qui accompagne souvent les carrières réussies. Travail et loisir, profession et hobby : sa vie entière était consacrée à *faire* des mathématiques. Pourtant, pas un instant, je crois, il ne pensa *être* mathématicien. Trop humble, trop timide. Les honneurs ne faisaient qu'augmenter sa dette envers les mathématiques, et ne lui permettaient pas de se composer un personnage sûr de soi.

À sa mort, le CNRS décida de réunir ses articles disséminés en revues, pour les publier en volumes. Je fus chargé de cette édition. C'est à cette occasion que, triant ses papiers inédits, je tombai sur une espèce de journal intime. Ancien, si j'en juge d'après l'écriture et les feuilles jaunies. Des fragments notés à la va-vite. Et absolument époustouflants. Les voici.

Je cherche, je cherche, et je ne décèle aucune erreur dans ce que j'ai écrit. Pourtant, je n'y crois pas. C'est impossible. Je ne suis pas de taille.

Je ne vois personne à qui j'oserais soumettre ma «démonstration». Tout le monde va se foutre de moi. A juste titre, certainement.

Tant de génies ont séché ! Et je ne suis pas un génie !

Personne ne devrait affirmer catégoriquement qu'aucune démonstration élémentaire de l'hypothèse de Riemann ne peut exister. C'est être trop sûr de soi, on ne sait jamais.

Demander à un collègue ce qu'il pense de ma démonstration ? De quoi j'aurais l'air ! La commisération assurée, jusqu'à la fin de mes jours. «De la Place, le géomètre qui a déraillé, qui croit avoir démontré Riemann par une méthode élémentaire ! Qu'est-ce qu'il attend pour résoudre la quadrature du cercle, ou pour trouver le mouvement perpétuel ?»

Les amateurs peuvent se permettre de croire à leurs pseudo-démonstrations géniales. Moi pas. Mais je suis incapable de trouver mon erreur.

Et pourtant, si ma preuve était correcte?? Mon Dieu !!... Oui, parfois, j'y crois. De toutes mes forces. Je ne devrais pas.

Je souffre plus que si je me prenais pour un génie méconnu.

«Comment se pourrait-il que de moi ceci vînt ?» (Victor Hugo).

Mon erreur est sûrement grossière. C'est toujours ce qui se passe dans ce genre de cas. On focalise toute son attention sur les subtilités difficiles, et on trébuche sur une erreur qu'un étudiant de première année ne ferait pas. Si quelqu'un la voit, je perds la face.

Personne ne peut garantir que Riemann n'avait aucune démonstration de son hypothèse. Personne. C'est lui faire injure sans raison, et nous dédouaner à bon compte de nos échecs.

La lecture de ces notes me surprit fort. Quoi ? Cet homme raisonnable, la lubie l'avait pris de donner une démonstration élémentaire de l'hypothèse de Riemann ! Il ne pouvait pourtant pas ignorer que pareille prouesse est impensable. Aussi mythique que la pierre philosophale.

Aïe ! Me voici obligé de m'interrompre. Car, vous le voyez, j'avais raison : les mathématiques ne sont pas faites pour ceux qui ne les connaissent pas. L'hypothèse de Riemann, n'est-ce pas, cela ne vous dit rien, absolument rien ? C'est pourtant le monument le plus prestigieux de toutes les mathématiques. Mais je bute ici sur un obstacle littéraire insurmontable : expliquer au profane ce que c'est qu'un obstacle mathématique insurmontable. Pour vous faire partager ma perplexité à la lecture des notes d'Arnaud de la Place, il faudrait en effet que, grâce à Dieu sait quel talent de plume, je réussisse à vous convaincre :

1) de la difficulté extrême de l'hypothèse de Riemann, puisque ce problème, posé vers 1850, n'a toujours pas de solution malgré les efforts des meilleurs mathématiciens ;

2) de l'importance extrême qu'elle revêt pour la profession, puisqu'elle aurait des conséquences dans les branches les plus variées et inattendues.

Comme je n'ai pas le talent requis, tout ce que vous retiendriez de mes efforts, ce serait :

1) que les mathématiques sont trop difficiles pour les mathématiciens, puisqu'ils sèchent sur un problème qui leur tient tant à cœur ;

2) que de toutes façons, vous ne comprenez rien à tout ça, alors grand bien leur fasse.

Tant pis, donc. Laissons cela, et revenons aux papiers laissés par de la Place. Je n'étais pas au bout de mon étonnement. Après ces notes venaient dix pages (manuscrites) de mathématiques, rédigées avec la clarté caractéristique d'Arnaud de la Place. Et là, il prouve, oui, il prouve par des procédés élémentaires, que tous les zéros de la fonction dzêta ont pour partie réelle 1/2. Bref, il démontre l'hypothèse de Riemann ! Cet exploit impossible, il l'avait réalisé !

Si vous connaissiez un tant soit peu de mathématiques, je n'aurais pas besoin de vous dire combien la lecture de ces pages me bouleversa. Puisque la vulgarisation est impuissante, il ne me reste que la description, via l'accumulation d'adjectifs. C'est contraire aux recommandations qu'on donne aux écrivains, mais qu'y puis-je ? Donc, le résultat obtenu par Arnaud de la Place était ahurissant, éblouissant, extraordinaire, fabuleux, fantastique, formidable, incroyable, inouï, magnifique, merveilleux, phénoménal, prodigieux, renversant, sensationnel et sublime (pour mieux me faire entendre, je m'aide d'un dictionnaire de synonymes).

Par conséquent, ma stupéfaction à lire la démonstration fut énorme, gigantesque, immense, incommensurable, infinie, monumentale, sans borne et totale.

Je tiens à préciser que j'ai vérifié sa démonstration : j'atteste qu'elle est impeccable. Au point que j'ai été vexé, je l'avoue. Dommage que les scrupules d'Arnaud l'aient empêché de la publier ou de me la montrer... Aujourd'hui, je comprends mieux pourquoi il paraissait toujours sur la défensive, mal à l'aise au sein des mathématiques alors même que ses autres succès en recherche lui avaient valu une belle notoriété. Sa découverte transcendante l'écrasait. Peut-être explique-t-elle sa mort prématurée.

Ainsi, l'Académie des sciences (où, soit dit en passant, j'ai été élu au siège laissé vacant par Arnaud) avait abrité un vrai génie sans que nul ne s'en aperçoive. Et le seul génie de ma promotion de normaliens, c'était justement le seul parmi nous qui ne prétendait pas s'en donner les apparences. Quel mal lui a fait sa timidité ! Comme il a dû souffrir, de garder par-devers lui ce qu'il avait de plus beau à offrir aux mathématiques !

Mais n'attendez pas que je publie ici la démonstration d'Arnaud de la Place. Pour ce que vous y comprendriez... À moins que, par impossible, vous soyez mathématicien ? En ce cas, maintenant que vous savez que c'est faisable, à vous de la retrouver tout seul. Au travail !

Troisième partie

PARTAGER

CHAPITRE 5

PARADOXES SUR LE PROFESSEUR

Après avoir observé les mathématiciens parler entre eux et écrire les uns pour les autres, tournons-nous vers l'extérieur. Examinons le rôle des mathématiques dans l'enseignement, puis, de façon plus générale, dans la culture.

Professeurs et comédiens

L'évolution des mœurs vers une plus grande décontraction (au moins en apparence) a amené, voici quelques années, une question. Faut-il autoriser les élèves de lycées à pénétrer dans la salle des professeurs ? Un proviseur, Marguerite Gentzbittel, répond non, et argumente ainsi : «Le lycée, comme le théâtre, doit avoir ses coulisses. Comme les artistes, les professeurs doivent avoir leur loge pour remettre leur perruque et leur dentier, entre deux passages en scène».[1] Laissons de côté la question des salles des professeurs, mais regardons de plus près la conception que M. Gentzbittel exprime là et qui est partagée comme allant de soi par beaucoup d'enseignants : leur métier tient de celui du comédien.

S'il s'agit de dire que, face aux élèves ou aux étudiants, le professeur doit savoir garder le contrôle de lui-même, une telle constatation est banale. Valable pour tout métier exigeant un contact avec un public, elle ne prête guère à discussion et n'a pas grandes conséquences. S'il

1 *Les clés de l'actualité*, n° 21, 10-16 septembre 1992.

s'agit de dire que l'attention des élèves est parfois moins retenue par la matière elle-même que par les qualités de l'enseignant, on est encore dans la banalité. Sans doute, ces constatations évidentes expliquent-elles en partie que le rapprochement du métier de professeur avec celui d'acteur soit souvent fait. Mais enfin, le métier d'acteur n'est pas n'importe lequel. Ce rapprochement mérite qu'on y réfléchisse plus. On tombe alors sur bien des difficultés.

Partons donc de cette hypothèse : les professeurs sont des comédiens, les lieux d'enseignement sont des scènes de théâtre. Et voyons quelles conclusions nous devons en tirer.

Il existe un texte célèbre de Diderot, le *Paradoxe sur le comédien*, dont, Dieu sait pourquoi, on ne cherche presque jamais à voir en quoi il s'applique aux professeurs. Pourtant, Diderot parle des comédiens ; si les professeurs sont des comédiens, Diderot parle des professeurs... Lisons donc. Selon Diderot, tout le talent du comédien «consiste non pas à sentir [...], mais à rendre si scrupuleusement les signes extérieurs du sentiment, que vous vous y trompiez».[2] Un acteur qui prétend ressentir afin d'exprimer réussira une fois ou deux, exceptionnellement, mais sera mauvais tout le reste du temps. Personne ne peut, dix soirs, vingt soirs de suite, se mettre à la place d'une mère qui vient de perdre son enfant et, dix soirs, vingt soirs de suite, éprouver sa douleur. Le bon acteur doit imiter et n'avoir nulle sensibilité. Au plus fort du drame, il a pleinement conscience d'être acteur, et non le personnage bouleversé qu'il joue. Une condition pour que le spectateur croie véritablement voir un homme au sommet de la joie ou au comble du désespoir, est que l'acteur ne croie pas à ce qu'il dit au moment où il le dit. L'acteur ne doit jamais coïncider avec son rôle. Diderot écrit même : «Un moyen sûr de jouer petitement, mesquinement, est d'avoir à jouer son propre caractère».[3]

Ici, l'assimilation du métier de professeur à celui d'acteur commence à devenir inquiétante. Car c'est justement leur propre caractère que jouent les professeurs ! Je veux dire (en transposant du comédien au professeur) que, sauf exception, chaque professeur enseigne la matière qu'il a choisie, qu'il aime, qu'il juge importante ; la matière, donc, qu'il a le moins envie *a priori* de transformer en rôle à jouer.

---

2 Denis Diderot, *Paradoxe sur le Comédien*, Pléiade, 1982, p.1010.
3 Ibid, p.1028.

La spécialité qu'il est le moins apte à enseigner est précisément celle à laquelle il s'est formé : tel est donc le paradoxe du professeur... Doit-on craindre, alors, qu'il ne joue son rôle «petitement, mesquinement» ? De fait, beaucoup de professeurs ressemblent à ce que Diderot aurait considéré comme de mauvais acteurs. Même pendant les parenthèses ponctuant le cours (encouragements, colères, plaisanteries, blâmes, considérations diverses, etc.) – où le côté acteur du métier est le plus manifeste – ils prononcent certaines tirades en y croyant, au lieu de les déclamer avec le recul propre aux acteurs.

Ainsi, la célèbre harangue «Je n'ai jamais vu une classe aussi mauvaise», ils doivent bien la prendre au pied de la lettre, puisque la «baisse de niveau» reste un thème favori de leurs conversations entre eux, en coulisses, lorsqu'ils ont ôté leurs masques d'acteurs. Or, ceux qui se plaignent aujourd'hui du niveau ont eux-mêmes eu autrefois des professeurs qui, à l'époque, se lamentaient déjà sur le niveau, lesquels professeurs, eux-mêmes, à leur tour avaient eu... etc., et ainsi de suite jusqu'au premier australopithèque auquel soit venue l'idée d'instruire ses congénères ! Bref, le niveau baisse depuis le déluge... Conclusion : se demander si, oui ou non, le niveau baisse est sans pertinence. La tirade du bas niveau n'a rien à voir avec l'affirmation d'une vérité. Elle est une tirade obligée, aussi vieille que le métier de professeur, tout comme la grande scène du cinquième acte est obligatoire pour l'acteur. Il fait partie du métier de professeur de «mettre le ton» quand il dit cette tirade, tout en sachant qu'elle est une fiction, une fable, dont l'effet recherché est de susciter chez le spectateur (c'est-à-dire l'élève ou l'étudiant) des sentiments de honte censés stimuler son ardeur au travail (ne discutons pas ici la valeur de ce choix pédagogique). Il n'y a pas de symétrie entre la position de l'enseignant et celle de l'enseigné. Lorsque les étudiants entendent le professeur dire qu'il n'a jamais eu de classe aussi mauvaise, peut-être sont-ils en train de songer de leur côté que le niveau des professeurs doit baisser lui aussi, vu qu'ils n'en ont jamais eu d'aussi mauvais. Comme le rôle des étudiants n'est pas de jouer, ils ont toutes les excuses, eux, s'ils prennent cette assertion pour argent comptant...

En fait, je l'ai dit, rares sont les professeurs effectivement conscients de jouer la comédie lorsqu'ils prononcent les tirades obligées. Et encore plus rares, ceux qui ont cette conscience pendant le cours lui-même. Ils «collent» trop à leur matière pour la jouer. Ici, force est de constater que, de tous les métiers de professeurs, celui de professeur de mathématiques est le plus paradoxal (dans la perspective de Diderot). Le professeur de mathématiques est le moins préparé à prendre par rapport à sa spécialité le recul qui permet de l'exposer comme un objet extérieur à lui.

En littérature, en histoire, en physique, chaque spécialiste sait qu'il doit faire son deuil de la vérité absolue, intangible. Il n'y a pas de jugement définitif sur un écrivain, pas d'événement passé qui ne soit susceptible d'être réévalué, pas de loi indiscutable qui rende compte de la réalité matérielle ultime. La vérité est toujours une interprétation, et elle dépend donc de la façon dont on l'exprime. Rapports de force et séduction contribuent à l'établir, à la faire évoluer. La vérité doit être mise en scène, et cette mise en scène est elle-même une part de la vérité. Ce que je dis là est valable non seulement pour les matières «littéraires», mais aussi pour une science comme la physique. Affirmer, par exemple, que le monde est écrit en langage mathématique n'est pas «la» vérité ; c'est une interprétation. Laquelle, d'ailleurs, ne séduit pas tout le monde.

Dans ces matières, le recul sur la notion de vérité laisse aux professeurs – au moins en théorie – la possibilité de jouer, d'interpréter, ce qu'ils enseignent. En pratique, il est vrai, la société pèse de tout son poids pour les inciter à coller à leur rôle, à s'identifier à lui. Elle les veut sérieux, c'est-à-dire pénétrés de l'importance de leur matière prise pour elle-même. Enseigner n'est pas distraire : il y a le théâtre pour cela ! L'institution réussit le tour de force de figer ces matières, pourtant mouvantes par nature ; elle les réduit à des connaissances que les étudiants doivent acquérir. Le programme tient lieu de vérité en soi, ce qui rend toute distanciation difficile pour les professeurs. Conduits à prendre ce qu'ils disent pour le réel ultime, ils répètent les choses d'une année sur l'autre en revivant leur passion pour elles (s'ils sont bons professeurs) ou de façon mortelle (s'ils sont mauvais), mais pas en imitant la passion, comme fait le bon acteur selon Diderot.

Quant aux professeurs de mathématiques... Outre que, comme les autres, ils sont poussés par l'institution à identifier programme et vérité, ils ont choisi des études qui incitent à tout sauf à la distance. Quoi ? La vérité d'un théorème dépendrait de la façon dont on l'expose ? Absurde ! Même si la vérité mathématique paraît moins assurée aujourd'hui qu'autrefois, les mathématiciens sont loin d'avoir renoncé à y croire. De surcroît, le programme (au moins jusqu'au second cycle universitaire) est élémentaire à leurs yeux – c'est-à-dire absolument vrai. Que les ultimes raffinements soient parfois un peu incertains, passe encore, mais pas le b. a. ba ! Pour les mathématiciens, lorsqu'ils enseignent, la vérité réside tout entière dans la vérité technique. La mise en scène ne fait pas partie intégrante de la vérité. Externe, annexe, la mise en scène se réduit à peu de choses : savoir plaisanter au moment où les étudiants ont besoin de détente ; sentir qu'il faut répéter, donner des exemples, ou plus de détails... Les mathématiques ne sont pas une fiction, que diable, l'émotion ressentie par le spectateur ne dit rien quant à leur vérité ! De tous les professeurs, ceux de mathématiques ont le plus d'obstacles à vaincre pour admettre que la vérité de leur matière et la vérité de l'enseignement de cette matière sont distinctes, qu'un discours n'est pas tant reçu selon qu'il est vrai ou non, que selon la façon dont il sollicite l'auditeur.

C'est au moment où le comédien est le plus superficiel (il imite sans ressentir) qu'il est le plus profond (le spectateur est pris). Le professeur, s'il est trop profond, c'est-à-dire s'il «coïncide» trop avec ce qu'il enseigne, manque de force de conviction. On ne doit pas prendre trop au sérieux ce qu'on enseigne ! «Oh, lui, il est dans ses trucs» est une critique que les étudiants font volontiers au professeur de mathématiques. Critique souvent justifiée : le professeur de mathématiques croit à ce qu'il dit ; il vit dedans et ne joue pas avec. Ses efforts consistent à faire en sorte que les étudiants comprennent le théorème comme lui le comprend. Quand il a l'air en colère, il l'est réellement ! Il souffre réellement de voir que le double produit, encore une fois, a été oublié dans la formule, ou la constante d'intégration ! Tout le contraire de l'acteur qui, selon Diderot, se démène sans rien sentir, afin que le spectateur sente sans se démener.[4]

Pour faire comprendre son cours, le professeur de mathématiques ne dispose que de sa vérité, confondue avec celle des mathématiques. S'il est patient, il la répétera sur tous les tons, mais jamais il ne s'éloignera d'elle. Hélas, le fait qu'une chose soit vraie ne suffit pas pour qu'elle s'impose aux esprits, même s'ils sont convaincus qu'elle est vraie. On peut avoir compris, et se tromper quand même.

---

4 Ibid, p.1010.

La vérité ne sait pas mettre en scène. Pour être bon acteur, le professeur de mathématiques devrait donc considérer ses théorèmes et formules non comme des vérités auxquelles il tient, mais comme des rôles qu'il interprète en faisant semblant d'y croire (et seulement semblant, pour ne pas s'user trop vite). Il devrait jouer Pythagore comme d'autres jouent Rodrigue. Ni Pythagore ni Rodrigue ne sont vrais. La somme des carrés des côtés de l'angle droit n'a pas plus d'existence réelle que la tendresse de Rodrigue pour Chimène. Cependant l'une et l'autre peuvent être l'occasion d'une scène réussie, pourvu que l'acteur soit à la hauteur.

À tout ce qui précède, il faut ajouter – complication supplémentaire – qu'un cours peut être excellent en tant que spectacle, et moins bon en tant que transmission de connaissances. Par exemple, de très nombreux témoignages concordent à propos de l'enseignement de Laurent Schwartz. Ce dernier faisait des cours merveilleux, éblouissants et qui sont restés célèbres. Sauf que, quand l'étudiant les reprenait après coup, c'était en général pour se rendre compte qu'il n'avait pas compris. Il avait été subjugué, admiratif ; il avait cru comprendre : en réalité, tout restait à faire.

La science moderne semble marquer quelques limites au *Paradoxe sur le comédien*. Elle découvre, en effet, que le seul fait d'imiter une émotion provoque des réactions physiologiques analogues à celles que suscite l'émotion chez un individu qui l'éprouve effectivement. Cette observation n'atteint pas le cœur de l'argumentation soutenue par Diderot : l'état d'esprit de l'acteur n'est pas de chercher à ressentir, mais de chercher à imiter sans ressentir. Ainsi, même les derniers progrès de la science ne nous sauvent pas de la difficulté où nous nous sommes mis en poussant jusqu'à son terme logique le rapprochement du métier de professeur avec celui d'acteur. Nous aboutissons à une remise en question beaucoup plus délicate, plus radicale, que nous n'aurions pu croire. Ce rapprochement, en effet, implique que la vérité de la chose enseignée est toute relative. Gageons que, dans leur majorité, les professeurs de mathématiques seront peu enclins à accepter une conclusion pareille.

Ne soyons pas injustes, cependant. Beaucoup de professeurs savent captiver leurs étudiants, même si, en tant qu'acteurs, ils sont loin de répondre aux exigences de Diderot. Mauvais acteurs, mais bons professeurs ! Leur matière suscite en eux suffisamment d'enthousiasme.

Ils y trouvent l'énergie nécessaire pour se renouveler, et le savoir-faire nécessaire pour intéresser. Il ne leur viendrait pas à l'esprit de dire «Je joue les mathématiques» ou «Je joue la littérature», sur le modèle de l'acteur qui dit «Je joue Rodrigue» ou «Je joue Chimène». Comment expliquer, alors, que les professeurs répètent volontiers qu'ils sont des acteurs ? Sans doute parce qu'ils n'ont pas assez réfléchi au métier de l'acteur, non parce qu'ils n'ont pas assez réfléchi au leur propre...

Partout et nulle part

Quittons maintenant le cadre scolaire et examinons le statut des mathématiques dans notre société. Nous ne quittons pas pour autant le paradoxe, car c'est bel et bien de lui que leur statut relève : les mathématiques sont à la fois omniprésentes et marginales. Omniprésentes, parce que, chacun le sait, elles interviennent dans nombre d'exploits techniques (exploration de l'espace, informatique). Omniprésentes également, via l'idéologie de la rigueur, la foi dans les chiffres, l'invasion par les statistiques. Omniprésentes enfin, en raison de leur place centrale dans l'enseignement. Marginales, néanmoins, en ce sens qu'elles sont très généralement ignorées et ne font pas partie du «bagage de l'homme cultivé».

Omniprésentes et marginales... De ce statut bizarre, le destin – lui aussi bizarre – de la «réforme des maths modernes» porte témoignage. Cette réforme, dans les années 1960, visait à introduire les structures (groupes, anneaux, corps, espaces vectoriels...) dès l'enseignement secondaire. Quoi qu'on pense d'elle, on ne peut nier que – outre un débat intéressant sur le plan intellectuel –, elle a représenté un spectaculaire mouvement de société, un traumatisme national. Aujourd'hui, cette réforme a été abandonnée. Cela se conçoit : tel est le sort ultime de toute réforme ! Ce qui se conçoit moins, c'est à quel point certains ont oublié jusqu'à son existence. L'*Histoire du structuralisme* de François Dosse[5] n'en touche presque pas un mot. De même, le *Dictionnaire des intellectuels français*[6] ignore quasiment tous les mathématiciens alors que, à l'époque de la réforme, ils ont pleinement joué, pour une fois, le

---

5 F. Dosse, *Histoire du structuralisme*, La Découverte, 1991.

6 J. Julliard, M. Winock, dir., *Dictionnaire des intellectuels français*, Seuil, 1996.

rôle assigné aux intellectuels : intervenir dans la vie de la cité. Visiblement, les historiens auteurs de ces ouvrages ne sont pas convaincus que les mathématiques font partie de la culture...

Disons à la décharge de ces historiens que, sur la question «partager, ou ne pas partager ?», les mathématiciens sont ambigus. Tantôt, par élitisme, ils cherchent à vivre dans un splendide isolement et, par idéal puriste, sont fiers de rester incompris : cela vaut mieux que de s'abaisser aux approximations démagogiques plus ou moins nécessaires pour se faire comprendre des foules. Tantôt, ils souffrent dudit isolement et se plaignent de ce qu'ils ressentent comme une injustice : on ne peut passer pour cultivé si on n'a pas lu *Madame Bovary* (du moins en France), alors qu'on peut se permettre d'ignorer tout des mathématiques. Ils regrettent d'autant plus cet état de fait que, disent-ils, connaître les sciences, en particulier les mathématiques, est indispensable pour s'orienter dans le monde aujourd'hui.

Cette dernière affirmation est discutable. Connaître les mathématiques ne me semble pas requis pour être plus à l'aise face aux questions que pose le monde. Aucun savoir ne donne «le bon point de vue», celui qui élimine tous les biais. On peut aussi bien être trompé par son savoir que pécher par ignorance. Il n'y a pas de formation idéale, grâce à laquelle un individu jouira d'un jugement assuré. Le spécialiste n'est pas mieux à même que le profane d'évaluer la portée de telle nouveauté, le sens que la société lui donnera ou lui refusera, ses dangers ou bienfaits, l'aliénation ou la libération qu'elle apportera, etc. Une ignorance reconnue et perçue comme telle peut valoir mieux qu'un savoir qui donne à son détenteur l'illusion de se déterminer selon la seule raison objective.

Les mathématiques n'ont pas de vertu spécifique qui aide à déjouer les diverses propagandes ni à démystifier les idées reçues. Inutile d'être statisticien pour comprendre que les sondages d'opinion sont souvent des artefacts ou des manipulations ! Les mathématiques ne familiarisent pas, ou si peu, avec les objets techniques qui nous entourent. Quand bien même elles le feraient, d'ailleurs, il existe certes des individus qui se sentent plus libres s'ils savent comment fonctionnent les objets dont ils se servent, mais il en existe d'autres que le fonctionnement de ces objets n'intéresse pas. Et si les seconds courent le risque d'être aliénés à cause de leur ignorance, les premiers courent le risque de l'être à cause de leurs connaissances.

Ceux qui se passionnent trop pour la technique sont même, je crois, plus aliénés que ceux qui ne s'y intéressent pas assez. Songeons aux internautes vissés à leur écran.

Connaître les sciences n'est donc pas nécessaire, en principe. En pratique, c'est impossible. Vu les développements spectaculaires des sciences aujourd'hui, tous les spécialistes ont l'impression que l'honnête homme doit se tenir au courant de leur spécialité. Seulement, cela revient au total à exiger de lui un encyclopédisme délirant. Plus extraordinaires sont les progrès des sciences, plus l'honnête homme devrait s'y intéresser, mais moins il le peut ! En fait, donc, ce dernier doit plutôt apprendre à s'orienter dans le noir.

Dédramatisons la question de la culture ; ceux qui en débattent donnent trop souvent l'impression de penser que la moindre ignorance est la marque d'un incapable, indigne des bienfaits qu'offre notre société. Évitons de nous inscrire dans la guerre entre «les deux cultures» – scientifique contre littéraire – chacune prétendant, contre l'autre, détenir les clés de la compréhension du monde. Opposition stérilisante. Je préfère raisonner le moins possible en termes de connaissances obligatoires, et le plus possible en termes d'ouverture d'esprit : renonçons à la prétention d'éclairer le citoyen grâce aux mathématiques.

Mathématiques et culture

Venons-en alors aux rapports entre mathématiques et culture. L'irritation des mathématiciens à se voir exclus du champ culturel se comprend. Comme notre pays sacralise la culture, une telle exclusion est une forme de marginalisation. Leur irritation, pourtant, me semble révéler une confusion entre «culture» et «connaissances». Les mathématiques sont des connaissances, mais un ensemble de connaissances forme-t-il une culture ? Je ne crois pas.

Précisons le sens donné ici au mot «culture», quitte à effleurer un débat passionnel. Ce ne sont pas les mathématiciens qui voudront contribuer à l'extrême affaiblissement de ce mot, dont témoignent des expressions (impensables naguère, courantes aujourd'hui) comme «culture d'entreprise» ou «culture de gouvernement». Rangeons-nous donc à une acception exigeante. Être cultivé, ce n'est pas seulement avoir des connaissances, des goûts, des repères religieux ou nationaux ; c'est aussi être capable de les relativiser, afin que ces connaissances et repères ne mènent pas à la sclérose. Certains savants sont incapables de ce qui est par excellence l'attitude de culture : prêter attention à l'autre. Ceux qui connaissent trop leurs classiques ont souvent du mal à percevoir la richesse de formes d'expression nouvelles, encore marginales ou méprisées. Une telle attitude est fréquente dans les «milieux cultivés» qui ont eu tendance à mépriser, au fur et à mesure qu'ils naissaient, le jazz, la bande dessinée ou la science-fiction. Elle existe aussi dans les milieux scientifiques : les probabilistes, les statisticiens ont mis longtemps à se faire reconnaître comme des mathématiciens à part entière.

Face au monde, le savoir aide à agir, à diminuer l'angoisse existentielle, mais ne le laissons pas tuer l'interrogation ! Aucun savoir n'est radicalement coupé de tout système de croyances et de mystères, aucun n'est radicalement assuré. Les questions essentielles échappent toujours. C'est pourquoi la nature du savoir acquis par un individu importe moins que son attitude d'esprit. La culture, comprise comme aptitude à s'ouvrir à l'autre, relève de l'exercice de la liberté, question infiniment plus complexe que celle du type de connaissances (littéraires ou scientifiques, par exemple). Plus décisive que la possession de tel ou tel savoir spécifique est la nature du rapport que l'individu entretient avec son savoir : crispé, dominateur, fermé ou au contraire souple, attentif, ouvert.

On ne fera donc jamais trop l'éloge de la discussion, entendue comme un échange non technique au cours duquel chacun est capable de reconnaître la valeur des arguments qui lui sont opposés. Discuter est un acte éminemment culturel : j'accepte l'autre, j'accepte son influence, même si je suis spécialiste et pas lui. Bien sûr, je peux être amené à me rendre compte que ma position ne tient pas, ou que j'avais tort de sous-estimer la capacité de mon interlocuteur à soutenir son idée contre moi. Tant mieux ! Me savoir fragile est un bon antidote contre la tendance à la fermeture d'esprit. Cela m'incite à garder du recul sur mes connaissances, à les critiquer, à ne pas me comporter en spécialiste qui s'en fait une cuirasse. Cela m'interdit de renvoyer dans les ténèbres de l'obscurantisme, de la débilité, voire de la barbarie, ceux qui n'ont pas les mêmes.

Le point essentiel, quant aux liens entre mathématiques et culture, est donc de déterminer si la pratique des mathématiques incite à discuter. Le moins qu'on puisse dire est qu'elles n'en ont pas la réputation. Ce qu'elles paient en se voyant exclues de la culture, c'est leur réputation d'être des lieux où l'on prouve. La preuve fait taire. Seul le fou ne se soumet pas à sa loi. Quand un point a été «prouvé par $a + b$», on n'a plus à discuter. Dans le domaine culturel, il n'y a pas d'argument suprême ; en mathématiques, si. Présenter une affirmation comme «mathématiquement prouvée» n'est-il pas un moyen usuel pour clore toute discussion à son sujet ?

Quiconque connaît les mathématiques de près sait que la preuve n'y joue pas un rôle si important. Les mathématiciens, avant tout attachés à l'imagination créatrice, se satisfont pour la plupart d'un sentiment de rigueur peu élaboré et seraient vite en difficulté si on les poussait dans les derniers retranchements logiques d'une démonstration. De plus, en mathématiques «pures», l'esthétique tient une place importante, sinon prépondérante. Or la beauté ne se démontre pas. Aucun mathématicien ne peut prouver que sa spécialité mérite les mille veillées qu'il lui consacre. Autrement dit, cet élément essentiel de la vie d'une science – le désir de ses pratiquants de développer tel aspect plutôt que tel autre – échappe à la démonstration.

Les mathématiques pourraient donc être un lieu de discussion. De même qu'on discute des goûts et des couleurs (contrairement à un dicton malheureux), on pourrait discuter de goûts mathématiques. Non pour convaincre l'autre, le faire changer d'avis, mais pour percevoir la richesse qu'il y a dans des points de vue divergents. Force est cependant de reconnaître que la plupart des mathématiciens ne conçoivent guère, à propos des mathématiques, de discussions autres que techniques. Sans doute, mal à l'aise pour exposer leur subjectivité, redoutent-ils la véritable discussion. Pour certains esprits, l'absence de discussion est un confort : dans un monde incertain, avoir des repères qu'ils croient fixes est rassurant. En cela, ils manquent du recul sans lequel leur savoir ne mérite pas le nom de culture. Même s'ils ne pensent pas que leurs méthodes soient infaillibles, ils considèrent que seule la science peut les améliorer. Comment croire à la fois à l'objectivité et à la relativité de la notion d'objectivité ?

Pour être perçues comme culturelles, les mathématiques devraient modifier radicalement leur rapport au vrai. En art, en littérature, le vrai n'a aucune valeur probante. Une œuvre a mille autres façons de valoir que par sa vérité. Si la célébrité de Stendhal est un fait vrai, il n'oblige personne à considérer Stendhal comme un grand écrivain. Aucune œuvre culturelle n'a vocation à faire l'unanimité. Rien de tel en mathématiques, où le vrai doit être accepté et a donc vocation à faire l'unanimité. Certes, la vérité connaît une crise, et la défiance croissante de la société contraint les scientifiques à afficher une modestie nouvelle : leurs résultats, disent-ils, ne sont pas des vérités, mais des étapes provisoires. Le vrai n'en reste pas moins leur but suprême, en mathématiques plus nettement encore que dans les autres sciences, parce que le critère de l'efficacité s'applique moins bien à elles.

Cachez cette crise que nous ne saurions voir

La pérennité «malgré tout» de la foi dans le vrai des scientifiques est attestée par leurs réticences à (s')avouer que leur science est en crise. La crise est l'état presque permanent de la culture. Rien là d'étonnant : la culture œuvre aux points de contacts entre l'homme et le monde, entre l'homme et les autres hommes. Contacts toujours inquiétants, angoissants ; d'où le perpétuel sentiment de crise. En mathématiques aussi, les crises sont fréquentes. Y réfléchir publiquement permettrait aux mathématiciens d'être partie prenante dans un débat proprement culturel : quel est le sens de leur activité ? Au lieu de cela, la plupart pratiquent la dénégation ; ils occultent l'état de crise et les désaccords entre eux. Un tel débat risquerait trop de mettre à mal leur conviction que les mathématiques disent le vrai. De même, ils sont peu soucieux de réinterpréter leur savoir dans une perspective historique, et cela aussi contribue à ce qu'ils s'excluent de la culture.[7]

La culture est – via la discussion – le lieu inquiétant de la perpétuelle contestation par les non-spécialistes. Les mathématiques seront «culturelles» quand les mathématiciens accepteront de discuter leurs résultats avec des gens n'ayant pas recours à une argumentation scientifique. Des gens qui, par exemple, demanderont si, vu l'état du monde, les trésors d'ingéniosité déployés pour aborder tel problème «gratuit» n'auraient pas pu servir à «mieux» ; ou bien si une réflexion qui ne peut être comprise que de rares spécialistes garde un

---

7 J.-M. Lévy-Leblond, *L'esprit de sel*, Fayard, 1981 ; rééd. Seuil, Points Sciences, 1984.

sens ; ou encore si refuser toute métaphysique n'est pas, en fait, une mauvaise métaphysique ; des gens, enfin, qui ne se laisseront pas subjuguer par des scientifiques vantant l'utilité de tel résultat, et sauront questionner la notion d'utilité : elle n'est pas immédiate, elle dépend étroitement du projet de société que l'on a et mène donc à des discussions interminables, subjectives, tout à fait contraires à l'esprit actuel des sciences.

Pour un artiste, affronter le public va de soi. Pour la plupart des mathématiciens au contraire, un résultat n'a pas d'autre signification que celle qu'ils lui donnent. Ils se réfugient ainsi dans leur technique, ce qui les rend incompréhensibles, donc indiscutables. Cependant, ils ne peuvent pas gagner sur les deux tableaux : apparaître à la fois comme détenteurs de méthodes permettant de cerner le vrai de plus en plus près, et comme hommes de culture, c'est-à-dire des hommes qui proposent des œuvres au sujet desquelles le jugement individuel peut librement s'exercer.

Les mathématiciens et la méchanceté

Reconnaissons que, si les mathématiciens intervenaient plus dans le débat d'idées et dans les crises culturelles ou intellectuelles, ils seraient amenés à devenir plus méchants qu'ils ne sont. J'appelle «méchant» celui qui tente d'exister en niant l'autre. Par exemple, la méchanceté des philosophes est célèbre : une façon fréquente d'exister, pour eux, consiste à réfuter les systèmes proposés par leurs confrères, à les réduire à néant. Les mathématiciens ne sont pas méchants – dans leurs recherches, s'entend. Je ne dis rien quant à leurs caractères personnels ni quant à leurs pratiques au sein de la profession. Entre eux, ils se comportent comme tout le monde : amitiés ou rivalités, coups tordus pour obtenir un poste, amabilités diverses... Ainsi le théoricien des nombres anglais John Williams Scott Cassells, redémontrant un théorème trouvé par un collègue, déclara haut et fort : «Ma démonstration est plus longue que la sienne. Mais elle est juste.» La méchanceté, cependant, n'est pas constitutive de la recherche mathématique. Il est rare qu'un travail consiste à en réfuter un autre. En outre, trouver une erreur ne revient pas forcément à anéantir, comme un philosophe «démontrant» que tel autre passe totalement à côté d'un point capital. Le gros du travail des mathématiciens est dans la coopération, plus que dans l'opposition. Il s'agit de monter sur les épaules de ceux, géants ou nains, qui vous ont précédé. Tel collègue travaille dans une direction qui vous intéresse ? Inspirez-vous de ses travaux. Tel autre travaille dans une direction qui ne vous intéresse pas ? Ignorez-le.

Lorsqu'il leur arrive, sortant des mathématiques, de s'impliquer dans le débat d'idées, les mathématiciens se font méchants, eux aussi. De ce point de vue, comparer les tons qu'utilise Henri Poincaré (1854-1912) d'un texte à l'autre est révélateur. En général, il «reste correct» dans ses articles mathématiques. Il s'appuie sur les résultats de ses devanciers pour aller plus loin : «Monsieur X a montré que... J'en déduis que...». Par contre, il a facilement la dent dure dans ses articles de philosophie mathématique. Son ironie confine au sarcasme. Il ne cherche pas à aller plus loin que ses prédécesseurs, mais à les démolir ; parfois même, il donne l'impression de préférer les effets rhétoriques à l'humilité de la recherche.[8] Aurait-il souffert de dédoublement de la personnalité ? Non ! Il adaptait son comportement aux besoins de chaque activité.

Le choix d'un cadre conceptuel est plus incertain, donc conduit plus à la polémique que le développement d'un cadre donné. Précisons cela. Au sein d'un cadre mathématique fixé – formalisme, intuitionnisme –, on peut montrer que tel auteur a fait une erreur, et il n'y a plus à discuter. Le cadre fournit une instance de jugement. En revanche, si la question est précisément de savoir quel cadre est le bon, il y a toujours à discuter. Le vertige n'est plus très loin. Chacun se retrouve nu. Personne ne peut prouver que l'autre a tort. Aucune instance indiscutable n'est là pour trancher. Chaque participant au débat ressent une impuissance fondamentale, alors. Même si je juge aberrante la façon de penser de l'autre, je ne puis faire en sorte qu'il pense autrement qu'il ne pense. Le recours à la méchanceté aide à occulter cette impuissance. Pulvériser le point de vue ennemi devient presque une question de survie. D'où la virulence des querelles d'écoles.

---

8 Voir par exemple sa série d'articles polémiques sur la logique, parus dans la *Revue de métaphysique et de morale* en 1905-1906, repris par lui dans *Science et méthode*, livre II, chapitre III, et réédités par Gerhard Heinzmann, *Poincaré, Russell, Zermelo et Peano*, éd. Blanchard, 1986.

Toute expression, fût-elle strictement technique, est aussi une prise de parti métaphysique. Cette dernière peut rester implicite toute ma vie, et ne jamais me troubler : adoptant l'idéologie dominante, je prolonge les techniques qu'on m'a enseignées sans me soucier de discuter la vision du monde qu'elles traduisent. Toutefois, si je tente d'expliciter, donc de justifier, la vision du monde sous-jacente à mon travail technique, alors l'angoisse guette. Parce que là, ma technique ne peut plus rien pour moi ; il n'est pas de son ressort de dire si je fais bien, ou non, de tant me consacrer à elle. Il s'agit de penser, c'est-à-dire de renoncer à toute garantie.

On ne pense qu'en se sachant au dessus du vide, sans filet. Pour assurer ma pensée, je dois la fonder. Hélas, cette tentative est promise à un échec permanent, car le fondement réside toujours dans une certaine intuition personnelle du monde, c'est-à-dire une subjectivité. Rien n'est moins assuré ! Le penseur doit refuser la facilité permise au technicien, qui prend sa technique comme une fin en soi et se dissimule ainsi les inévitables incertitudes du fondement. Penseur, je risque toujours, et je le sais, d'avoir affaire à un critique qui sort des limites de ce qui me semblait le cadre légitime pour ma pensée, qui pose des questions intempestives à mes yeux, et pourtant pertinentes. Ce dont je suis le plus intimement persuadé, je ne pourrai jamais en convaincre l'autre définitivement. Il a autant raison que moi ? Alors, tuons-le ! Exercice de liberté individuelle, penser est une affaire solitaire. Et même méchante : si je refuse le rôle d'épigone, si donc je prétends fonder ma propre pensée, je suis amené à contester la façon dont les autres ont fondé – pardon : ont prétendu fonder ! – la leur.

Un havre de paix ?

En grande partie exclues du champ de la culture par notre société, les mathématiques se trouvent, du coup, à l'abri de certaines tempêtes. Depuis des années, la philosophie se débat dans l'affaire Martin Heidegger : les compromissions de ce dernier avec le nazisme entachent-elles son œuvre philosophique ? En mathématiques, il n'y a pas d'affaire Teichmüller. Pourtant Oswald Teichmüller (1913-1943) fut un nazi actif, organisateur du boycott de ses professeurs juifs. De fait, invalider les théorèmes de Teichmüller à cause de son nazisme serait absurde, mais faire comme si de rien n'était est insupportable.

On voit sur cet exemple qu'il ne faut pas confondre objectivité et neutralité. Toute forme d'expression participe d'une vision du monde ; aucune n'est neutre. À s'en tenir à la pure objectivité, les mathématiciens en viennent à considérer que l'attitude politique de leurs collègues ne peut en aucune manière concerner les mathématiques. Une telle opinion n'est pas neutre, elle dit quelque chose sur leur conception des mathématiques, apporte de l'eau au moulin de ceux qui reprochent aux mathématiques de dessécher le cœur, comme l'a fait Gustave Flaubert dans son *Dictionnaire des idées reçues*. Quelle est la portée, quel est le sens d'un corpus ignorant des différences aussi graves que, par exemple, celle entre un mathématicien nazi et un juif ? La discussion d'une telle question doit être culturelle, en ce sens que l'objectivité ne peut pas y être considérée comme un argument ultime.

Écrire l'essentiel

Examinons maintenant les rapports entre les mathématiques et la culture d'un autre point de vue : leur relation à l'essentiel.

L'écriture d'un article de recherche mathématique va «droit à l'essentiel». Pas de détails : ils cacheraient le fil de la démonstration. Les digressions sont exclues. Pas question de décrire les fausses pistes qu'on a essayées, ni d'expliquer pourquoi on y a cru. L'indispensable, et rien de plus. Tout est tendu vers le même but. Pas de circonlocutions forcées pour éviter les répétitions de «donc» et de «or» qui articulent les propositions entre elles. Cette convention de style est adoptée de façon si générale qu'elle s'est transformée en nécessité, se justifiant elle-même. Les indications superflues déroutent d'autant plus le lecteur, qu'il s'attend moins à ce viol de la convention ; son esprit est préparé à ce que tout ce qu'il lit soit décisif pour la démonstration en cours. L'auteur doit saisir la chose même, s'effacer derrière, et l'exprimer exactement. L'idéal de la rédaction mathématique, c'est le squelette ! Et, si j'ose filer pareille métaphore, les os du squelette sont ces signes cabalistiques (formules, équations, symboles) qui effraient le profane, et dont la fonction est de dire l'essentiel sans fioriture. Mis à part les cas de bluff (qui existent, naturellement), ce que le texte omet de dire se réduit à ce que le lecteur (mathématicien, comme l'auteur) n'aura «aucune peine» à compléter : calculs de routine, méthodes bien connues, etc.

Toutes les sciences rédigent ainsi, mais ce phénomène est peut-être plus central en mathématiques qu'en sciences expérimentales. Si concise soit la rédaction d'une expérience, l'essentiel est dans l'expérience matérielle. Alors que, en mathématiques, la rédaction est l'essentiel, et on y atteint.

Or ce modèle obligé – aller droit à l'essentiel – a peu de rapports avec les exigences d'une œuvre de culture. En fait, l'essentiel est toujours ailleurs, insaisissable. Il n'y a guère qu'une chose essentielle qu'on puisse dire. Elle est terrible, mais vraiment essentielle, c'est-à-dire banale : nous allons mourir, et cela nous fait peur. Sinon, l'essentiel – l'énigme du monde, le drame de l'homme... – on ne peut que tourner autour, le faire sentir, l'évoquer, le conjurer, car il est souvent triste... La grandeur d'une œuvre culturelle est de chercher désespérément, puissamment, non pas à *dire*, mais à *exprimer* cet essentiel impossible à dire. L'auteur qui prétend le dire se condamne soit à la banalité, soit à la préciosité. L'ésotérisme des mathématiques est une forme de préciosité.

Sans doute n'est-il pas dans la «nature éternelle» des mathématiques d'aller droit à l'essentiel. C'est une époque qu'elles traversent, qui semble née des efforts de rigueur déployés depuis le XIXe siècle, et qui probablement disparaîtra un jour. Du coup, les mathématiciens répugnent souvent à rédiger. C'est que rédiger n'est pas pour eux un moment créatif. La pente naturelle de la créativité est le foisonnement. Une rédaction où on s'impose d'aller droit à l'essentiel brise cette tendance. En outre, les écrits des mathématiciens sont très homogènes ; reconnaître un style individuel est rarement possible. Le recours à une écriture normée calme l'inquiétude de ne jamais pouvoir dire l'essentiel, mais ne donne guère l'occasion aux individualités de s'exprimer.

Les mathématiques évoluent donc dans une espèce de tout ou rien. Pour qui les apprécie, une démonstration est un morceau où tout est bon. Aucun déchet. Le moindre élément a sa nécessité et apporte son concours à ce plaisir extrême pour le lecteur : comprendre. Inversement, pour qui ne les apprécie pas, une démonstration est un morceau où rien n'est bon. Par conséquent, il n'y a guère de position intermédiaire possible. Soit on connaît bien les mathématiques, soit on les ignore presque complètement. Et les non scientifiques ont le plus grand mal à les intégrer comme une part de leur culture.

Mathématiques pour tous ?

Reste une conclusion à tirer du tout ou rien que je viens d'évoquer. La culture doit donner à chacun les moyens d'exprimer sa liberté de la façon la plus riche possible. Pour ce faire, il faut bien sûr des connaissances. L'expression de la liberté ne se réduit pas à la spontanéité. Quelles connaissances sont obligatoires et lesquelles ne le sont pas ? Problème délicat ! Je doute que les mathématiques doivent être obligatoires. Il faut certes offrir à tous les élèves la possibilité de les étudier, mais cela doit être une proposition, non une obligation. Il existe des gens qu'elles n'intéressent pas, des gens qui n'éprouvent ni besoin ni désir envers elles, ou qui n'y «comprennent rien». Pourquoi leur infliger cette souffrance ?

Les mathématiques sont avant tout spéculatives – étudier les formes et les nombres pour le plaisir de les étudier (l'arithmétique utilitaire ne fait pas partie des mathématiques ; vérifier sa monnaie chez un commerçant n'est pas s'intéresser aux nombres, mais à l'argent). Imposer l'étude des mathématiques à des gens qui n'y éprouvent aucune satisfaction, n'a pas de sens. Ceux qui les aiment (pour elles-mêmes ou pour leurs applications) sont assez nombreux pour couvrir nos besoins en scientifiques et en ingénieurs.

Non que tout plaisir doive être immédiat. C'est au contraire une tâche de l'enseignement que d'entraîner les élèves à l'effort sans se laisser rebuter dès la première difficulté. L'enseignement ne peut pas éviter toute coercition. Encore faut-il qu'il y ait une récompense au bout : la découverte d'un monde nouveau, et non le seul souvenir amer de règles appliquées mécaniquement, donc mal. À quoi bon pleurer sur le discriminant de l'équation du second degré ? Pour les rebelles aux mathématiques, ce discriminant apparaîtra comme une fin en soi, espèce d'énormité opaque, qui ne fournit aucun élément pour se former un jugement ou une sensibilité en mathématiques, et encore bien moins pour s'orienter dans notre monde. Il n'y a pas de culture là où il y a eu blocage. Seuls ceux qui ont du goût pour les mathématiques sauront intégrer le discriminant dans un ensemble plus vaste et, dépassant son pur aspect technique et obligé, en faire un élément de culture, c'est-à-dire une source à la fois de plaisir et de questions.

À défaut de donner des connaissances à ceux qui les détestent, les mathématiques donneraient-elles bon gré mal gré quelques qualités intellectuelles : rigueur, logique, faculté d'abstraction ou esprit critique ? Je connais beaucoup de mathématiciens : ils ne sont ni plus ni moins logiques, critiques ou rigoureux que d'autres. De toutes façons, ces qualités sont requises autant qu'en mathématiques pour comprendre, par exemple, l'état d'esprit d'un Grec sous Périclès, ou pénétrer une littérature étrangère, ou percevoir le sens d'un système de croyances religieuses ou mythologiques différent du nôtre. Celui qui a fait un effort loyal pour s'essayer aux mathématiques, et qui a constaté que ce n'est pas dans ce domaine qu'il trouvera à déployer ses facultés, celui-là ne devrait pas être contraint à y gaspiller son temps et son bonheur d'étudier. À chacun d'exercer ses aptitudes selon ses goûts !

Renoncements

Ainsi donc, obtenir pour les mathématiques le statut d'œuvre culturelle demanderait aux mathématiciens des renoncements ; ils y perdraient du confort. Ils devraient accepter l'idée que la signification des mathématiques n'est pas seulement la signification qu'ils leur donnent eux ; ils devraient accepter que les théorèmes les mieux démontrés sont relatifs et discutables ; ils devraient accepter que l'opinion du profane a autant de légitimité que la leur. Ils devraient renoncer à l'aura de certitude qui entoure encore les mathématiques. Accepter que la liberté de jugement s'exerce vis-à-vis d'elles, et cesser d'y voir des connaissances obligatoires, clés indispensables pour le monde d'aujourd'hui. Renoncer à se gonfler d'importance en surestimant le rôle pratique qu'elles jouent.

Sortir de la technique pour accéder à l'inquiétude. C'est à ce prix qu'une œuvre mérite le nom d'œuvre de culture. Il faut se montrer digne du statut élevé qu'on réclame. Noblesse oblige !

CHAPITRE 6

CONTRESENS

Devant les étudiants, le mathématicien Bertrand Maulgre s'exprimait clairement, répétait calmement quand ils ne comprenaient pas, explicitait les détails sans prendre cela pour une déchéance et ne laissait jamais s'écouler plus d'un quart d'heure sans faire une plaisanterie qui permettait à tout le monde de souffler deux minutes.

Loin d'être un farceur, toutefois, Bertrand Maulgre était un pète-sec, qui usait des plaisanteries comme d'une soupape grâce à laquelle il pouvait, le reste du temps, exiger de l'amphi un silence parfait. Lorsqu'elles ne suffisaient pas et que quelque étudiant bruyant ou inattentif le gênait, il interrompait brutalement son cours en plein milieu. De tels éclats, très impressionnants, lui assuraient plusieurs semaines de calme absolu.

Quant à l'étudiant Philippe Lemuir, il savait opiner de la tête quand il comprenait et froncer les sourcils quand le prof allait trop vite. Il remettait des copies concises, mais qui ne se réduisaient pas à des séries de calculs sans explications. Visiblement, il s'intéressait aux études et en tirait profit.

Un bon étudiant suivant le cours d'un bon professeur : voilà une histoire qui devrait se terminer bien...

L'année où Lemuir suivait le cours de Maulgre, une prédiction passait de bouche en bouche parmi les étudiants. «Tu vas voir, disait le redoublant au nouveau, tu vas voir : Maulgre va piquer une quinte et s'en aller juste au moment de la formule d'Ostrogradsky. Tu comprends, il sait pas ce que c'est, cette formule, il la connaît pas. Alors, chaque année, c'est pareil, il s'arrange pour pas avoir à la traiter devant nous. «Vous l'étudierez dans un livre», il dit. Tu parles ! Ça tombe strictement jamais à l'exam, alors...»

Les étudiants appréciaient Maulgre, mais ils en déduisaient qu'il était mauvais matheux. Un bon matheux est perdu dans les nuages, *donc* fait un cours nébuleux. Avec son cours aux ambitions raisonnables, ses efforts de clarté, ses exigences un peu scolaires de discipline, Maulgre passait quasiment pour un minus. «Regarde Lemarquet, au contraire. Lemarquet, son cours est nul, imbitable, mais comme chercheur en maths, alors là, il est super fort, Lemarquet, super fort. Il a même démontré un truc que personne arrivait à démontrer depuis des siècles. C'est pas à Maulgre que ça risquerait d'arriver !»

Maulgre avait la réputation d'ignorer totalement des pans entiers des mathématiques. De mémoire d'étudiant, jamais personne ne l'avait entendu traiter la formule d'Ostrogradsky – le point le plus difficile et le plus redouté du programme, à l'époque. «Alors, tu vas pas me dire qu'il la connaît ! Il a eu ses exams en 1968, tu comprends. S'il fait un cours impec, c'est pour compenser ses complexes vis-à-vis des autres profs. Remarque, ça les empêche pas de le prendre quand même pour un con !»

Lemuir et ses camarades furent bientôt en mesure de confirmer les observations des générations précédentes. Le jour où Maulgre était supposé traiter la formule d'Ostrogradsky devant eux, en effet – leur calme était irréprochable – il prit prétexte d'un éternuement pourtant discret au fond de l'amphi pour exploser : «Si ça ne vous intéresse pas, vous apprendrez ça tout seuls ! Je n'ai pas pour habitude de parler devant des malotrus !» Et il abandonna là ses étudiants. La semaine suivante, la formule d'Ostrogradsky était passée à l'as : Bertrand Maulgre entama un nouveau chapitre. «Et voilà ! Le tour est joué une fois de plus !», dirent les étudiants, scandalisés mais trop intimidés pour protester.

Lemuir aurait pourtant bien fait de chercher une explication plus proche de la vérité que celle qui se transmettait d'année en année. Bertrand Maulgre était tout, sauf mauvais mathématicien. Spécialiste des équations aux dérivées partielles, il avait élaboré une élégante théorie généralisant la notion de flux, grâce à laquelle il avait su trouver le cadre abstrait dans lequel la formule d'Ostrogradsky – tiens ! – prend son sens le plus large. Cela faisait plusieurs années déjà que, dans ce contexte général, les spécialistes du monde entier parlaient de la «formule d'Ostrogradsky-Maulgre» : c'est dire !

Seulement, on distingue deux catégories d'enseignants. Ceux qui aiment initier les étudiants à leur spécialité, et leur faire percevoir combien elle recèle de beautés et de difficultés exaltantes. Et ceux qui auraient l'impression, ce faisant, de donner de la confiture à des cochons. Bertrand Maulgre appartenait à la seconde catégorie. Une lassitude infinie, un désespoir sans nom l'envahissaient rien qu'à l'idée d'exposer la formule d'Ostrogradsky sous sa forme la plus triviale – la seule accessible aux étudiants. Cependant c'est de façon tout à fait innocente qu'il fuyait cette corvée. Ses oreilles, en quelque sorte, créaient le chahut qui le poussait à s'interrompre, mais il n'avait pas conscience de son esquive systématique. Il était à ce point immergé dans la formule d'Ostrogradsky, qu'il n'avait plus la perception claire des moments où il en avait parlé et des moments où il n'en avait pas parlé.

Du coup, le jour de l'oral, Bertrand Maulgre avait complètement oublié que, cette année-là (l'année de Lemuir), il avait comme d'habitude sauté la formule d'Ostrogradsky. C'est donc sans déloyauté que, voyant entrer dans la salle d'interrogation Philippe Lemuir, auréolé de sa bonne réputation, et se disant que celui-là peut-être, seul parmi tous ses camarades, était susceptible de parler de la formule d'Ostrogradsky sans en faire un répugnant salmigondis, c'est sans déloyauté que Maulgre demanda à Lemuir de démontrer cette formule.

Consternation : Philippe Lemuir n'était même pas capable de l'énoncer ! Et même pas capable d'orthographier correctement le nom d'Ostrogradsky !

Trop confiant dans les assurances données par ses camarades sur l'incapacité de Bertrand Maulgre à comprendre la formule d'Ostrogradsky, donc à interroger dessus, Philippe Lemuir avait fait l'impasse...

C'est ainsi que, la mort dans l'âme, mais avec la conscience d'agir suivant son devoir, Bertrand Maulgre fut amené à coller le meilleur étudiant qu'il avait jamais eu.

Chapitre 7

OUVERTURE

L'étudiant

Ce serait pour avoir un renseignement. J'aurais peut-être envie de m'inscrire en deuxième cycle de mathématiques, mais j'hésite. Je voudrais d'abord savoir ce qu'on y fait comme études.

Le professeur-orientateur

C'est très simple. Vous avez la filière mathématiques pures, avec des unités de valeurs d'algèbre, d'analyse, de probabilités, ce qui vous mène au CAPES et à l'agrégation. Vous avez la filière de mathématiques appliquées, qui...

L'étudiant

Oui, oui, ça, je sais, la filière Matméca et tout, j'ai lu les papiers. Mais ce qu'on apprend en cours d'études, ça consiste en quoi ?

Le professeur-orientateur

Comment ça, ça consiste en quoi ? On apprend les mathématiques, pardi ! Que voulez-vous d'autre ?

L'étudiant

Justement, ça parle de quoi, les mathématiques ? La physique, la biologie, je sais... La physique : le monde animé. La biologie : le monde inanimé... Euh... le contraire, je crois, pardon ! Mais les mathématiques, c'est quoi ?

Le professeur-orientateur

Eh bien, les mathématiques, c'est ce qu'on apprend ici. Vous commencez à m'agacer, à la fin !

L'étudiant

Excusez-moi, mais mon professeur de T.D. de maths, en premier cycle, il nous engueulait chaque fois qu'on utilisait une notion sans l'avoir définie. En maths, il disait, si on n'est pas précis, autant aller planter les choux. C'est mon avenir que j'engage, alors je veux savoir dans quoi je mets les pieds !

Le professeur-orientateur

Vous voulez une définition précise des mathématiques avant de vous inscrire, c'est ça ? !

L'étudiant

Ben... oui !

Second professeur (qui vient de survenir)

Ah... Eh bien... Euh... les mathématiques, euh... Les mathématiques, c'est ma thématique ! *(Grand rire prolongé.)*

L'étudiant

Les mathématiques, c'est mathématique ?

Second professeur

Non ! Euh, enfin, oui, bien entendu ! Ma. *(Silence.)* Thématique. En deux mots, vous comprenez ? *(Grand rire prolongé.)*

L'étudiant

Mais je ne connais pas votre thématique.

Second professeur

C'est la répartition modulo 1 des diverses puissances entières de la conjecture de Littlewood.

L'étudiant

Ah... Euh...

Le professeur-orientateur

Attention, attention ! Entendons-nous ! Ce que fait mon collègue est très fin, très fin. Mais c'est somme toute devenu un peu marginal. Ce qui est central en mathématiques aujourd'hui, ce sont les équations aux dérivées partielles supermodulaires à coefficients pluri-ondulants.

L'étudiant

Mais je ne sais pas ce que c'est, tout ça !

Le professeur-orientateur

Venez parmi nous !

Second professeur

Non, parmi nous !

Le professeur-orientateur

Les mathématiques que nous faisons sont utiles !

Second professeur

Pfff ! Les nôtres sont belles ! *(Il s'en va en claquant la porte.)*

L'étudiant

Vous n'êtes donc pas d'accord entre vous ?

Le professeur-orientateur

Si, si, absolument !

Troisième professeur (depuis la pièce à côté)

Et uniformément ! *(Rires.)*

L'étudiant

Je ne comprends pas.

Quatrième professeur (qui vient d'arriver)

Qu'est-ce que c'est que ce peigne-cul ? Si y sait pas ce que c'est les maths après deux années de premier cycle, il a rien à foutre ici. On a assez de traîne-savates comme ça à se coltiner.

Premier maître de conférences

Ah non... Je veux dire... Sa question est intéressante... Je veux dire... On peut définir rigoureusement une notion mathématique, je veux dire. Mais je veux dire, si tu veux, est-ce qu'on peut définir rigoureusement les mathématiques elles-mêmes ? Je veux dire, c'est intéressant, la question qu'il pose...

Cinquième professeur (attiré par le brouhaha)

(Au premier maître de conférences.) Écoute, mon petit père, il ne faut pas exagérer, hein ! C'est une unité de *mathématiques*, ici. Notre travail est un travail *scientifique. (À l'étudiant.)* Les philosophailleries, vous n'avez qu'à voir avec le second maître de conférences, il est là pour ça. *(Au quatrième professeur.)* Cher Maître, as-tu une petite minute ? Tu vas certainement savoir me répondre. J'ai une petite question sur un petit problème de tours de corps de classes fermées semi-caressantes intérieurement... Voilà. Tu prends une extension rigide suffisamment pincée, et tu considères...

Second maître de conférences (dérangé de chez lui)

Une définition des mathématiques ? Je ne sais pas... Ah si, il paraît qu'il y a un très bon livre qui vient de sortir. J'l'ai pas lu, hein, mais *Le Monde* dit que c'est très bien. Alors... Bien sûr, il faut se méfier. J'ai déjà lu de ces conneries à cause des critiques ! Mais c'est sûrement très profond... Je crois que le point de vue est de définir les maths en faisant une synthèse mystico-rationaliste. Ou quelque chose comme ça. Dans les hautes sphères, ils s'excitent beaucoup autour... Mais moi je suis sûr que c'est encore un coup d'éditeur, rien de plus.

À part ça, j'vois pas. Bertrand Russell, peut-être ? Mais je crois que c'est rasoir. Pas plus que les maths, remarquez ! Enfin, j'l'ai pas lu, mais... En tous cas, je dois pouvoir vous retrouver les références, ça oui...

Le chœur des professeurs

C'est en assez, c'en est trop !
Laissez-nous travailler !
Pauvres, pauvres de nous !
Laissez-nous publier !

Copies à corriger,
Exam' à surveiller,
T.D. à préparer,
Cours à renouveler,
Et jeunes à orienter :
Nous sommes surmenés !

C'est en assez, c'en est trop !
Laissez-nous travailler !
Pauvres, pauvres de nous !
Laissez-nous publier !

Arrêtez vos questions !
Y répondre est trop long,
Y penser est trop con
Et n'apporte rien de bon
Ni à nos équations
Ni à nos solutions !
C'est en assez, c'en est trop !

Laissez-nous travailler !
Pauvres, pauvres de nous !
Laissez-nous publier !

Enseigner est ardu,
La recherche l'est bien plus.
Administrer nous tue.
Assez de temps perdu :
Les maths sont notre but,
Le reste est superflu.

C'est en assez, c'en est trop !
Laissez-nous travailler !
Pauvres, pauvres de nous !
Laissez-nous publier !

Moralité (infantile)

Si vous voulez faire des mathématiques,
Faites-en.
Si vous voulez savoir ce que c'est,
N'en faites pas.

Quatrième partie

INFLUENCER

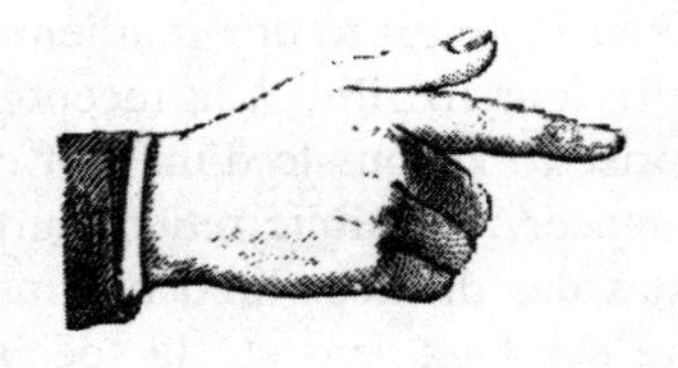

CHAPITRE 8

SUR LES LIMITES DES MATHÉMATIQUES

Après avoir vu la fragilité des mathématiques à la source, voyons enfin leur fragilité à la réception : comment sont-elles comprises ? Disons-le d'un mot caricatural, avant de développer et de nuancer : le public retient surtout des faux-sens ; quant aux spécialistes des diverses branches mathématiques, ils ne risquent pas de faire des faux sens sur la spécialité voisine, car ils restent cantonnés chacun à la sienne. Adopter un point de vue externe nous conduira vers de nouvelles observations sur les mots, ces mots que nous avions précédemment considérés depuis l'intérieur. Ainsi la boule sera bouclée...

Mauvais élèves

Les souvenirs que gardent ceux qui ont fréquenté les mathématiques au seul niveau scolaire n'auraient sûrement pas satisfait les professeurs. Pour donner un exemple, laissons de côté les auteurs mondains, toujours à l'affût de la dernière nouveauté savante et qu'on peut soupçonner de bluff ; ils ont fait l'objet d'une dénonciation virulente par deux physiciens, l'Américain Alan Sokal et le Belge Jean Bricmont.[1] Choisissons plutôt un auteur qui, très spontanément, sans chercher à en imposer, recourt à une notion mathématique fort classique.

1 A. Sokal et J. Bricmont, *Impostures intellectuelles*, Odile Jacob, 1997.

«Soit la limite. Elle est frontière, borne, confins et lisière. Le point où quelque chose s'arrête, voire le seuil qu'on ne franchira jamais, telle la valeur limite des mathématiciens».[2] Heureusement que le livre dont ces lignes sont extraites n'est pas dû à un mathématicien ! L'image qu'elles donnent de la notion de limite en mathématiques, en effet, est fausse.

En mathématiques, la limite n'a rien d'un «seuil qu'on ne franchira jamais». Par exemple, la fonction $f(x) = (\sin \pi x)/x$ a pour limite 0 quand x tend vers l'infini. Or elle franchit la valeur 0 chaque fois que x passe par une valeur entière ; elle oscille autour de 0, en s'en écartant de moins en moins au fur et à mesure que x grandit. Graphiquement, $f(x)$ se présente ainsi :

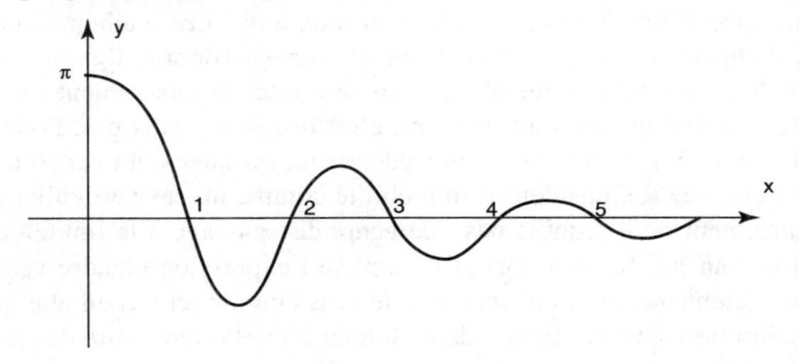

Aux yeux du mathématicien, la fonction $f(x)$ tend vers 0 quand x tend vers l'infini au même titre qu'une fonction comme $g(x) = 1/(x + 1)$, qui, elle, n'atteint jamais 0 puisque son graphe est le suivant :

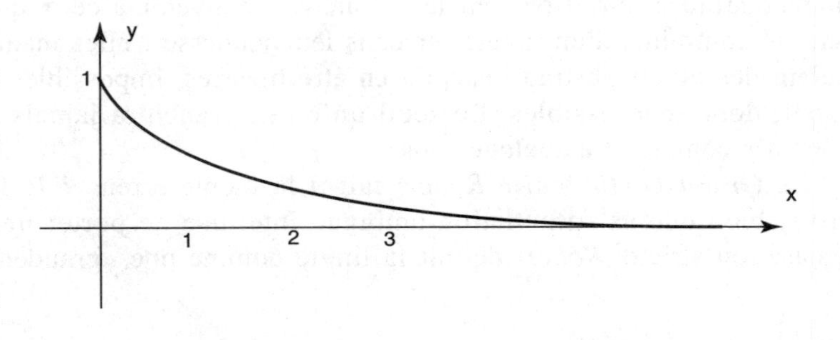

2 F. Ost, *La nature hors la loi*, La Découverte, 1995, p. 9.

Le non-mathématicien ne sera peut-être pas convaincu. La valeur 0 garde «quelque chose» d'inaccessible pour la fonction f, dira-t-il, en ce sens que f ne s'y stabilise pas, ne cesse jamais d'osciller autour. Rien de plus facile, alors, que donner un exemple de fonction qui se stabilise en 0 et dont la limite est 0 : la fonction nulle, c'est-à-dire la fonction $h(x)$ telle que $h(x) = 0$ quel que soit x. Le graphe de cette fonction est confondu avec «l'axe des abscisses». Loin d'osciller autour de 0, comme f, ou de tendre vers 0 sans l'atteindre, comme g, la fonction h atteint 0, n'en bouge pas ; h est un troisième exemple de fonction qui tend vers 0 quand x tend vers l'infini (les expressions «tendre vers 0» et «avoir 0 pour limite» sont synonymes).

Quand un corpus savant réutilise un mot usuel, il lui donne un sens spécifique, et ce mot devient un faux ami.[3] Les mathématiques n'échappent pas à cette règle. Dans le langage courant, l'expression «tendre vers» ne se conçoit pas sans une idée de mouvement : si je tends vers tel but ou vers tel point, c'est que je n'y suis pas. Pour le mathématicien, la fonction h précédemment évoquée tend vers 0 tout en y étant déjà. Considérer l'immobilité comme un cas particulier du mouvement ne le trouble pas : ce genre de «passage à la limite» est banal pour lui. Surtout, lorsqu'il emploie l'expression «tendre vers», il a totalement écarté de son esprit le sens courant, et n'a en tête que la définition savante. Inutile de la donner ici : elle fait partie des programmes scolaires.

Ainsi, c'est à un souvenir trompeur que l'auteur du texte cité ci-dessus faisait appel. À sa décharge, remarquons que son erreur est on ne peut plus courante. Elle exprime parfaitement l'idée que «les gens» se font de la notion mathématique de limite. Les mathématiques, dirait-on, ont laissé un seul souvenir à ceux qui ont été contraints d'en ingurgiter dans leur jeunesse : elles manipulent des objets abstraits jusqu'à en être bizarres, impossibles à saisir, donc inaccessibles. Le seuil qu'on ne franchira jamais... c'est d'y comprendre quelque chose.

Le *Grand Dictionnaire Robert* fait-il la même erreur ? Je le crois, bien que sa formulation ambiguë interdise de porter une accusation stricte. *Robert* définit la limite comme une «grandeur

3 Voir R. Hersh, *Math Lingo vs Plain English : Double Entendre, The American Mathematical Monthly*, vol. 104, n° 1, janvier 1997.

fixe dont une grandeur variable peut approcher indéfiniment sans l'atteindre». *Peut* approcher : qu'est-ce à dire exactement ?

L'idée de limite peut certes être connotée par une idée plus ou moins héroïque d'inaccessibilité. «Repoussant toujours plus loin les limites de la résistance humaine, les alpinistes lancent des défis quotidiens à la mort». Pareille connotation appartient au langage courant et à lui seul, mais le langage semi-savant, celui des souvenirs scolaires, la transfère sur les mathématiques. Étrange renversement de l'ordre des facteurs ! Le langage semi-savant se figure que les mathématiques donnent leur coloration à une notion usuelle, alors que c'est au contraire lui, langage semi-savant, qui, sans s'en rendre compte, se mêle de donner une coloration non savante à la notion mathématique. Plus exactement, il en est resté à une conception ancienne de la limite. C'est en effet à partir du XIX e siècle, époque marquée par une formalisation de l'analyse, que les mathématiciens ont été conduits à considérer qu'une valeur atteinte à distance finie et une valeur atteinte à l'infini devaient relever de la même notion de limite

Les souvenirs ne risquent pas de tromper quand la séparation entre la notion savante et la notion usuelle est radicale. On peut avoir oublié ce qu'est un exposant dans un calcul algébrique, on ne peut pas le confondre avec un exposant d'une foire commerciale ; on peut avoir oublié à quoi ressemble la parabole du géomètre, on ne peut pas la confondre avec une parabole biblique. Rien de tel avec la limite. L'usage quotidien de ce mot réactive le souvenir mathématique, mais pousse aux confusions. Étroitement liés, le sens mathématique et le sens usuel se télescopent dans la mémoire. L'ancien élève oublie que le mathématicien a des exigences propres à sa discipline. En particulier, l'inaccessibilité de la limite, bien loin de lui être nécessaire, le gênerait : il n'aurait pas le droit de considérer que les fonctions f et h ci-dessus ont 0 pour limite. Or il a besoin de le faire.

Même quand on a tout oublié des mathématiques, leur aisance avec l'infini reste dans la mémoire. L'infini plonge le commun des mortels dans un effroi pascalien. Le mathématicien, lui, le manipule comme qui rigole. Il fait en un clin d'œil l'aller retour entre plus l'infini et moins l'infini, et recommence autant de fois qu'il lui sied. Il manie cet objet hors d'atteinte, l'infini, avec la même tranquillité d'âme qu'il a pour manier des objets aussi concrets (apparemment !) qu'un nombre entier ou un cercle. Pour le mathématicien, l'infini est une manipulation comme une autre, avec ses règles propres, et voilà tout. Pour l'élève qui l'écoute, l'infini est un abîme, une question vertigineuse. Le spectacle du mathématicien «jonglant avec l'infini» laisse une impression si saisissante qu'elle en vient à déteindre sur tous les souvenirs mathématiques. Voilà probablement pourquoi, dans tant de mémoires, une limite mathématique ne saurait être atteinte qu'à l'infini, c'est-à-dire jamais !

En disant «le» mathématicien, je ne songe pas au mathématicien intemporel et universel (à supposer qu'il existe), mais à sa figure la plus connue ici et maintenant : le formaliste influencé par Bourbaki. Le formalisme évacue autant qu'il peut le temps hors des mathématiques. Cela permet de manipuler l'infini comme un objet atteint, réalisé (infini actuel), et non pas seulement comme un objet toujours au-delà, en devenir (infini potentiel). Il ne s'agit là, cependant, que d'une étape. Les mathématiques ont une histoire. Au début du XXe siècle, elles ont éprouvé un vertige devant les travaux de Georg Cantor (1845-1918), qui avait mis en évidence une infinité d'infinis différents.[4] Le formalisme a tenté d'expulser le vertige, mais il est loin d'avoir résolu tous les problèmes. Rien n'interdit d'imaginer que le vertige devant l'inaccessible fasse retour, et reprenne place au sein des mathématiques.

Selon certains auteurs, si les mathématiques sont devenues tellement abstraites à la fin du XIXe siècle, c'est que tout ce qui pouvait être trouvé «à la main» l'avait été ; avec les ordinateurs, une nouvelle ère de mathématiques concrètes et expérimentales doit se développer.[5] De fait, les mathématiques du fini ont d'ores et déjà pris une importance dont elles étaient privées à l'apogée du bourbakisme. La combinatoire, la théorie des jeux, la théorie des graphes, l'informatique théorique, sont des domaines de recherche actifs. L'avenir dira si cette conception «finitiste» est destinée à prendre assez de place dans l'enseignement pour contribuer à modeler l'image publique des mathématiques.

---

4 Voir, par exemple, M. Serfati, *Infini «nouveau» : principes de choix effectifs*, in *Infini des philosophes, infini des astronomes*, F. Monnoyer dir., Belin, 1995.
5 J.-P. Delahaye, *Obsession de π*, *Pour la Science*, n° 231, janvier 1997.

Dérivations mathématiques

Ainsi, entre le sens mathématique et le sens usuel du mot «limite», la limite, justement, est difficile à cerner. Ce genre de difficultés contribue à fausser la perception des mathématiques par les non spécialistes, car beaucoup de mots mathématiques sont issus du langage usuel ; en général, les notions qu'ils désignent ne sont pas sans rapport avec les notions usuelles.[6] On ne peut cependant pas expliquer ces mots à quelqu'un qui n'a pas reçu l'apprentissage adéquat. C'est que, si les mathématiciens gardent une certaine fidélité au sens usuel des mots, ils n'en sont pas moins tenus par des contraintes propres. Leurs notions, nées des notions usuelles par dérivation de sens, par proximité de champs sémantiques, ont ensuite suivi leur cours, qui les a éloignées. Les notions usuelles ne servent à rien pour faire des mathématiques ; au contraire, elles peuvent parfois parasiter. Tentons une analogie. Des mots comme «menu» ou «fenêtre» ont été judicieusement choisis par l'informatique : ils disent bien ce qu'ils veulent dire. Cependant, les expliquer à une personne qui n'aurait jamais vu un écran d'ordinateur est quasi impossible ; en outre, cela ne lui apporterait qu'un savoir stérile, inutilisable. Connaître le sens usuel de ces mots ne l'avance à rien.

Il en va là comme de toute recherche étymologique. Connaissant un mot et son sens, voir le chemin parcouru par la racine dont il est issu est passionnant. Les métaphores, les images, les jeux, qui président aux bifurcations de sens sont souvent extraordinaires. Ils sont même tellement extraordinaires qu'ils rendent impossible de procéder à l'inverse : si on ignore le sens d'un mot, savoir de quelle racine il dérive ne le donne pas. Celui qui connaît le sens mathématique d'un mot peut apprécier comment la notion usuelle désignée par ce mot a évolué vers une notion savante, qui porte le même nom mais n'est pourtant plus la même. Celui qui n'a pas fait de mathématiques ne les apprendra pas par ce procédé.

Marqué d'un finalisme qui a été souvent reproché à Bourbaki dans sa façon de présenter l'histoire, le texte suivant a l'avantage de montrer nettement le procédé de dérivation par lequel les notions mathématiques (en l'occurrence, celle de voisinage) évoluent. «Avec

6 Voir le chapitre 1.

Hausdorff commence la topologie générale telle qu'on l'entend aujourd'hui. Reprenant la notion de voisinage, il sut choisir, parmi les axiomes de Hilbert sur les voisinages dans le plan, ceux qui pouvaient donner à sa théorie à la fois toute la précision et toute la généralité désirables. Le chapitre où il en développe les conséquences est resté un modèle de théorie axiomatique, abstraite mais d'avance adaptée aux applications. Ce fut là, tout naturellement, le point de départ des recherches ultérieures sur la topologie générale.».[7]

Même s'il arrive que les mathématiques cherchent à cerner l'essence d'une notion usuelle (nous avons vu au chapitre 1 que telle était leur démarche avec les notions d'angle et de droite), leur procédé le plus fréquent pour s'approprier des mots usuels est la dérivation de sens. Par exemple, en élaborant leur notion de voisinage, les mathématiques n'ont aucunement prétendu mettre à jour la vérité sous-jacente à l'usage commun de ce mot. Là, nous nous trouvons plutôt en présence d'un procédé métaphorique, par lequel le sens du mot s'est ramifié. Ce procédé est à la fois banal et mystérieux : pas plus en mathématiques qu'ailleurs, on ne peut séparer signifiant et signifié. Chacun, dirait-on, a sa force propre, semble précéder l'autre, commander à l'autre, le construire, en une spirale infinie. Sans le sens courant du mot, il n'y aurait pas le sens savant ; pourtant le sens savant ne répond qu'à des nécessités mathématiques internes... Théoriquement, le mathématicien pourrait utiliser n'importe quel mot (déjà existant ou créé de toutes pièces) puisque, en principe, le sens d'un mot mathématique se réduit à la définition qu'on en donne. Pratiquement, il agit rarement ainsi, et conserve cent et mille mots de la langue courante.

Une interprétation parmi d'autres

Les limites entre ce qui est mathématique et ce qui ne l'est pas sont floues, poreuses ; les dérivations de sens dont je viens de parler en témoignent. Quand bien même les mathématiques seraient d'une objectivité parfaite, tracer une frontière entre ce qui relève d'elles et

7 N. Bourbaki, *Éléments d'histoire des mathématiques*, Masson, 1984, p. 180.
David Hilbert (1862-1943) et Félix Hausdorff (1868-1942) sont deux mathématiciens allemands.

ce qui n'en relève pas dépend de la subjectivité de l'observateur. Il s'agit, il s'agira toujours d'interpréter, c'est-à-dire de résoudre un problème voué sans doute à ne jamais connaître de solution définitive.

Voici un exemple. Interrogé sur l'utilité des mathématiques, un mathématicien répond : «La manière dont nous structurons notre raisonnement pour planifier l'organisation d'un repas, lorsque nous avons des amis à dîner, relève de la logique mathématique. *A contrario,* les gens qui n'ont pas reçu ce type de culture, ce qui est le cas dans certains pays du Tiers-Monde, font des erreurs de raisonnement que ne commettraient pas des personnes ayant reçu une éducation secondaire en France».[8] Ce qui est terrible avec le problème de l'interprétation, c'est que même une interprétation comme celle-là garde quelque chose d'irréfutable. Oui, on peut, ayant à placer des invités autour d'une table, interpréter la situation en termes purement mathématiques et ne considérer que les problèmes combinatoires sous-jacents : de combien de manières différentes peut-on disposer des convives en imposant certaines conditions (par exemple, alterner hommes et femmes, faire en sorte que les couples mariés soient séparés, etc.) ? Et on peut s'en tenir à ce problème, ne voir que lui. On peut même – pourvu qu'on soit mathématicien... – le généraliser en supposant, par exemple, que le repas se déroule dans un espace à une infinité de dimensions ! En un sens, cette interprétation est ultime. Elle se suffit à elle-même, et est susceptible de donner lieu à des généralisations et des développements indéfinis. Dès qu'on fait un pas hors des mathématiques, on ne peut que la rejeter. De quel droit condamner la façon dont raisonnent les gens d'autres cultures ? Par quelle aberration sous-entendre que, si les habitants du Tiers-Monde sont empêchés de se «planifier» de bons petits repas, c'est parce qu'ils n'ont pas fait assez de logique ?

Il existe un «panmathématisme», typique de la myopie du spécialiste. Il consiste à proposer une interprétation et à se croire dans la vérité. Le spécialiste a certes le droit de *voir* des mathématiques partout, y compris derrière l'organisation d'un repas. Nombre de belles et grandes théories abstraites ont eu pour origine des considérations concrètes, sinon «triviales». Il a même le droit de ne voir

---

8 B. Prum, *Axiales*, n° 14, 1er trimestre 1995, ASTS éd., Paris.

que cela : tant pis pour lui. Quant à nous, n'allons pas croire pour autant que les mathématiques *sont* partout. Elles sont partout et nulle part. C'est le mathématicien qui les met, parce qu'il est créatif, ce qui ne le rend pas forcément lucide.

Le monde comme un puzzle

En acceptant de se spécialiser, les mathématiciens se montrent plus passifs qu'actifs. Être spécialisé à outrance, quoi de plus «normal» dans notre société ? Du coup, il se peut que leur influence sur la société n'ait pas grand-chose de spécifique, et se borne à participer au mouvement général de la spécialisation : de plus en plus d'équipes au sein desquelles on se comprend très bien, et entre lesquelles on se comprend très mal.

Le recours à la spécialisation suppose une conception discutable du monde. Un tel recours ne prend sens, en effet, que si la réalité est suffisamment fixe et s'il s'agit de la découvrir. Alors, chacun peut s'enfermer dans une spécialité minuscule ; en rassemblant ensuite ces contributions infinitésimales, comme un puzzle, on reconstitue la réalité. L'ensemble, disons, est intelligent même si personne n'en a de perception globale, et même si chaque spécialiste est bête. Je ne partage pas cette conception. Que des techniciens soient spécialisés, soit ; pas des penseurs. Penser ne va pas sans mégalomanie : le désir de tout comprendre (désir qui n'empêche pas, bien entendu, de savoir qu'on n'y arrivera jamais). Se spécialiser, c'est remplacer le désir de tout comprendre par l'aspiration à être un rouage dans un mécanisme global, lequel «marchera bien tout seul». Ce piètre idéal transforme la pensée en technique intellectuelle. Plus grave : même si les rouages fonctionnent, leur ensemble peut boiter. Les spécialités, surtout abstraites, construisent leurs réalités au moins autant qu'elles découvrent la réalité. Rien n'assure la cohésion de l'ensemble. Quel Dieu veillera, dans Sa bonté, à ce que ces mille bouts de réalités construites soient cohérents, s'ajustent exactement les uns avec les autres et, mieux encore, rendent ainsi compte de la réalité ? Quel miracle fera naître un sens global à partir de l'accumulation de ces proliférations locales insensées ?

L'interdisciplinarité n'y peut rien. Comment pourrait-elle réussir, elle qui consiste à réunir des spécialistes, c'est-à-dire des gens déjà façonnés par la spécialisation ? Mettez mille esprits étroits côte à côte : ce qu'ils produiront ne vaudra pas ce qu'aurait produit un seul esprit large ! Du coup, l'interdisciplinarité ne trouve rien de mieux à faire, en général, que de créer de nouvelles spécialités, et vogue la galère... Si fréquentes les critiques contre l'esprit de spécialité soient-elles, elles restent vaines, comme en atteste la profusion, presque pathétique à force, de termes proposés dans l'espoir de faire mieux que l'interdisciplinarité : transdisciplinarité, outredisciplinarité, extradisciplinarité...

À eux seuls, les jargons suffisent souvent à faire échouer les «tentatives interdisciplinaires». D'une spécialité à l'autre, on ne se comprend pas. Cet état de fait découle-t-il de la lutte entre les spécialités, qui veulent marquer chacune son territoire ? Découle-t-il du désir, perceptible chez beaucoup de spécialistes, de briller en employant des mots inaccessibles au bon peuple ? En partie, sans doute. Toutefois, il y a plus grave, me semble-t-il, plus significatif que ces travers psychologiques pour expliquer l'incompréhension entre disciplines. C'est que chaque jargon contribue à la vision du monde de celui qui l'utilise. Autrement dit, le spécialiste est un naïf, qui croit à son jargon, qui y croit trop pour pouvoir même songer à s'en émanciper. Tant la langue influe sur la pensée.

Que les spécialités construisent leurs mondes, cela se voit aussi dans le fait que la différence entre science et technique est de plus en plus ténue. Nombre de laboratoires scientifiques exigent d'immenses moyens techniques, et reposent sur une division des tâches propre au travail technique. Inversement, un exploit technique ne se conçoit plus sans recours à une science complexe. Souvent, il n'y a même plus de sens à dire que tel résultat est plutôt un moyen nouveau (technique) ou plutôt un concept nouveau (scientifique) : il est simultanément l'un et l'autre. Or le technicien est censé créer (un procédé, un objet, voire un gadget), le scientifique est censé découvrir (une loi de la nature, un théorème). Comment analyser ce recouvrement entre science et technique, sinon par le fait qu'on ne peut plus distinguer à coup sûr entre créer et découvrir, autrement dit que notre vision du monde contribue à le construire ? Et si le savoir théorique peut proliférer sans fin, ce n'est peut-être pas tant le monde qui est sans fin, que nos constructions, chaque chercheur érigeant sa montagne au fur et à mesure qu'il la gravit...

Cette ambiguïté vaut pour les articles de mathématiques, malgré leur apparent éloignement du monde technique. Ils relèvent de la science, si on voit en eux des découvertes de théorèmes censés leur préexister. Ils relèvent aussi de la technique, car leurs auteurs cherchent en général moins à élaborer une interprétation du monde qu'à raffiner des procédures mathématiques. Beaucoup d'articles semblent n'avoir d'autre but que de préparer des articles à venir, qui, à leur tour raffineront... On n'a pas l'impression qu'ils répondent à des questions «posées par le monde», mais à des questions posées par la prolifération indéfinie.[9]

Fausses solidités

Aucune harmonie préétablie ne vient à notre secours pour conjuguer nos spécialités éparpillées, et les réunir en un édifice organisé. En particulier, les mathématiques, que nous avons vues fragiles, ne peuvent pas tenir lieu de base solide aux sciences humaines. Précisons cette affirmation à l'aide de deux exemples, l'un ancien (le structuralisme), l'autre encore d'actualité (les sondages d'opinion).

La conviction, typique du structuralisme au cours des années 1960, qu'on peut plaquer la rigueur des mathématiques sur la linguistique ou la psychanalyse, n'avait aucun fondement. Même si les mathématiques étaient aussi rigoureuses et assurées qu'on l'a dit, leur rigueur ne se transporterait pas. Cette dernière exige de donner aux mots un sens univoque. Certes, un tel but est impossible à atteindre parfaitement ; néanmoins toute connotation est considérée *a priori* comme parasite, le flou est malvenu. Au contraire, le psychanalyste, le linguiste, doivent être attentifs à toutes les connotations des mots utilisés par un locuteur ; pour eux, le flou est une richesse, la discussion non technique avec le profane est nourricière. Cela ne signifie pas que la linguistique ou la psychanalyse doivent se passer de rigueur, mais qu'elles doivent construire chacune la sienne, sans espérer le salut de quelque autre discipline.[10] À elles de décider, entre autres choix à assumer, si elles veulent ou non un type de rigueur qui les enferme dans une incompréhensibilité digne du mathématicien.

Acceptons la fragilité de la pensée. Une discipline trop inquiète d'assurer ses fondements donne parfois l'impression qu'elle fragilise encore plus la pensée. Telle est la mésaventure vécue par le structuralisme. Il a voulu acquérir la solidité caractérisant sinon les

---

9 Voir *Les Mathématiques pures n'existent pas !*, op. cit., chapitre 2.

10 Je développe ce point dans *L'intellectuel et sa croyance*, L'Harmattan, 1990.

mathématiques, du moins l'image qu'il avait d'elles. Depuis, à peu près tout s'est écroulé. Comme des ingénieurs qui, à force de couler du béton pour assurer les fondations de leur édifice, finiraient par provoquer un éboulement de terrain.

De nos jours, les sondages d'opinion sont l'exemple même de la fausse solidité. Recourant aux mathématiques, via les statistiques, ils semblent rigoureux. En fait, ils reposent sur un coup de force injustifiable : négliger les énormes distorsions nécessaires pour exprimer par des croix dans des cases ces humeurs éminemment hésitantes, confuses, mouvantes, volatiles, floues, que sont les opinions d'un individu. En outre, les questions à partir desquelles ils sont effectués emploient souvent des termes que chaque personne sondée comprend à sa façon. Là non plus, aucun miracle ne se produit. De la somme des distorsions ne naît pas une image acceptable de la «réalité», mais des absurdités. On publie ainsi des sondages qui prétendent mesurer (à un pour cent près) si le moral des Français est en hausse ou en baisse par rapport à l'année précédente, à la même époque ; des sondages qui prétendent évaluer (toujours à un pour cent près) quelle proportion croit en Dieu ; d'autres qui prétendent discerner quelle hiérarchie ils établissent entre diverses valeurs morales... Même une question aussi saugrenue que «La vie moderne favorise-t-elle l'amour ?» suscite, semble-t-il, assez de réponses au sein de l'«échantillon représentatif» pour que le traitement statistique soit appliqué. Je ne dis pas que les questions précédentes sont sans intérêt, mais que le sondage est le plus mauvais moyen d'aborder les débats de société.

La stupidité des sondages d'opinion, la «chosification» subie par des êtres humains réduits à des chiffres, étaient évidentes dès le départ. Voici comment Louis Poinsot (1777-1859) s'exprimait devant l'Académie des sciences en 1836 : «Ce qui répugne à l'esprit, c'est l'application [du calcul des probabilités] aux choses de l'ordre moral. C'est, par exemple, de représenter par un nombre la véracité d'un témoin ; d'assimiler ainsi des hommes à autant de dés, dont chacun a plusieurs faces, les unes pour l'erreur, les autres pour la vérité ; de traiter de même d'autres qualités morales, et d'en faire autant de fractions numériques, qu'on soumet ensuite à un calcul souvent très long et compliqué ; et d'oser, au bout de ces calculs, où les nombres ne répondent qu'à de telles hypothèses, tirer quelque conséquence qui puisse déterminer un homme sensé à porter un jugement dans une affaire criminelle, ou seulement à prendre une décision, ou à donner un conseil sur une chose de quelque importance. Voilà ce qui paraît une sorte d'aberration de l'esprit, une fausse application de la science, et qui ne serait propre qu'à la discréditer.»[11] L'avertissement de Poinsot n'a pas été entendu. Le social a, pour ainsi dire, su se montrer plus fort que le rationnel : notre société veut croire aux chiffres, elle veut croire que mathématiser une situation permet d'avoir une vue exacte ; elle reste donc sourde aux arguments qui réfutent cette croyance.

Le vrai est que les mathématiques ne permettent pas de chasser le flou inhérent aux situations concrètes. D'ailleurs, elles-mêmes sont et restent floues. Heureusement pour elles. La lutte contre le flou est un de leurs puissants moteurs ; si elles triomphaient et réussissaient à éliminer le flou, elles perdraient ce moteur. En mathématiques comme partout, la création naît souvent d'une vision vague. Un beau texte d'Alexandre Grothendieck en témoigne : «L'étape la plus délicate, la plus essentielle d'un travail de découverte de vaste envergure [est] celle de la naissance d'une vision, prenant forme et substance hors d'un apparent néant. Le simple fait de décrire des intuitions élusives ou de simples soupçons réticents à prendre forme a un pouvoir créateur.»[12] Quand le travail est terminé, le flou a disparu en principe. Toutefois l'histoire des mathématiques n'est pas avare de cas où tel mot a soudain révélé des ambiguïtés inaperçues jusque-là. Si bien que le travail a dû reprendre...

D'autre part, lorsque le mathématicien se met en situation de vulgarisateur ou d'initiateur, et s'adresse à un mathématicien d'une autre spécialité ou à un débutant, l'à-peu-près lui est utile comme à tout le monde. La rigueur est, là, moins importante que la nécessité de communiquer. On lit ainsi, dans l'introduction d'un livre exposant la démonstration du théorème de Fermat à des mathématiciens qui n'en sont pas familiers : «Je ne me gêne pas pour user et abuser de mots, tant techniques qu'ordinaires, dont vous pouvez très bien ignorer le sens. Ne vous inquiétez pas. Si cela a la moindre importance

11 Cité par G. Israël, *La mathématisation du réel*, Seuil, 1996, p. 165.

12 Le texte d'A. Grothendieck est reproduit en annexe d'un article de J.-P. Serre, «Motifs», *Astérisque*, n° 198-199-200, Société mathématique de France, 1991.

pour la suite, il y a toutes chances que vous développerez ne serait-ce qu'un sentiment de ce qu'ils signifient ; et si cela n'a pas d'importance, eh bien cela n'a pas d'importance.»[13] Soulignons que, dans ce passage, l'auteur qualifie d'«ordinaires» des mots appartenant au fonds commun des mathématiciens et de «techniques» des mots propres à la théorie des nombres.

Un murmure pianissimo

Si la frontière entre le mathématique et le non mathématique est mouvante, les frontières au sein des mathématiques ne le sont pas moins. Chaque jour ou presque, en apparaissent de nouvelles, dues à la naissance de nouvelles spécialités. Ce processus paraît ne devoir jamais avoir de fin, car plus il y a de spécialités, plus on peut opérer de croisements entre elles, ce qui donne naissance encore à de nouvelles spécialités, et ainsi de suite. Les mathématiciens vivent de la sorte dans une perpétuelle illusion de foisonnement créatif. S'ils instaurent des limites, c'est aussi afin d'avoir des limites à franchir. Plus elles sont nombreuses, moins ils ont besoin de bouger pour avoir l'impression de faire du chemin. Tel mathématicien pensera s'être renouvelé parce qu'il sera passé de la théorie algébrique des nombres, par exemple, à une autre spécialité infiniment proche de celle-là, disons la théorie analytique des nombres. (J'avoue mon malaise devant ces voyages immobiles. Lui, mathématicien, croit avoir évolué ; j'affirme qu'il n'a bougé que d'un rien ; il a piétiné. Et moi qui crois avoir évolué, depuis le temps où je tentais de me spécialiser en mathématiques, ne suis-je pas victime d'une illusion semblable à la sienne ?)

Quand on est extérieur aux mathématiques, elles apparaissent, massives, comme un bâtiment avec un intérieur : par définition, les mathématiciens sont dedans. Erreur. Pour avoir longtemps hanté l'intérieur de ce bâtiment, je puis témoigner qu'il n'a pas d'intérieur ! Plus exactement, l'intérieur est toujours ailleurs, toujours inaccessible. Celui qui est dedans, ce n'est jamais moi. C'est Untel, qui est «beaucoup plus fort que moi», ou Untel, qui est à la pointe

13 Alf van der Poorten, *Notes on Fermat's Last Theorem,* John Wiley & Sons éd., 1996, p. X.

d'un domaine prometteur alors que le mien, hier à la mode, est en train de se voir marginalisé.

Les mathématiques vivent un processus d'éclatement (qui ne leur est pas spécifique). Malgré les ramifications futures dont elles sont sûrement grosses, leurs ramifications actuelles me semblent d'intérieur vide. Trop mince, un filet d'eau n'irrigue rien. Dépourvus de sujets d'intérêts communs, les mathématiciens ne parlent pas entre eux. Ils ne transforment pas leurs connaissances mathématiques en culture : elles sont trop éclatées pour servir à élaborer ensemble des vues originales sur le monde, des vues qui ne se réduisent pas à leurs réactions de plus ou moins bon sens d'hommes moyens.

«On ne sait jamais, objecteraient bien des chercheurs. Telle spécialité, infime aujourd'hui, peut demain bouleverser le monde. Entre l'infinitésimal sans conséquence et l'infinitésimal qui en a d'énormes, la limite est inconnaissable.» Les proclamations comme celle-là sont trop faciles. Ne nous laissons pas abuser par la vogue de cette nouvelle mouture du nez de Cléopâtre qu'est l'effet papillon (un battement d'aile de papillon pourrait déclencher un ouragan). Ce que prouve avant tout cette vogue, c'est qu'il y a un vertige réjouissant pour l'esprit à imaginer une disproportion quasi infinie entre une cause et son effet. Sans être impossible «dans l'absolu», l'hypothèse de lendemains glorieux promis à une spécialité infime n'est guère plus vraisemblable que la naissance d'un ouragan à partir d'un battement d'aile de papillon. Ils sont nombreux, les insectes qui s'agitent sur cette terre sans qu'aucun cataclysme n'en résulte...

Finalement, s'il veut prendre du recul sur sa spécialité, un mathématicien a de quoi être désemparé. Les mathématiques lui échappent non seulement parce qu'elles sont trop vastes, mais aussi parce qu'elles sont trop éclatées. Sauf quelques-unes, les mille ramifications des mathématiques sont étrangères à ce mathématicien ; il n'a donc guère de moyen pour supputer : «Celle-ci me paraît épuisée, celle-là me paraît pleine d'avenir.» En somme, si on convient d'appeler «mathématicien» une personne qui a une perception de l'ensemble des mathématiques et qui connaît suffisamment toutes leurs parties pour avoir dessus des sentiments autres que de vagues *a priori*, il n'existe plus de mathématicien aujourd'hui. Laissons à chacun le soin de décider si pareille conclusion l'afflige ou le réjouit...

CHAPITRE 9

DÉLUGE

Les scientifiques éprouvent à l'égard de Pierre de Fermat une admiration sans réserve. Cet amateur n'a-t-il pas apporté des contributions essentielles ?

À mieux y songer, pourtant, il a peut-être gêné les sciences autant qu'il les a favorisées : quel gaspillage que son fameux «Grand Théorème», hasardé par lui vers 1630 et démontré seulement en 1994 par A. Wiles ! Certes, bien des découvertes sont nées des efforts déployés au cours des siècles par les mathématiciens à la recherche d'une démonstration. Hélas, qui saura mesurer le temps qu'auront perdu des foules d'ingénieurs, de colonels, de médecins, lesquels, croyant damer le pion aux professionnels, s'acharnent à proposer des preuves élémentaires... et fausses, bien entendu ? Et qui saura mesurer le temps qu'auront perdu les mathématiciens, exaspérés par les envois émanant d'auteurs auxquels, si on a un minimum de déontologie, il faut bien pointer leur erreur, au risque de recevoir une nouvelle démonstration où l'erreur a été «corrigée», c'est-à-dire remplacée par une autre ? Rien ne peut ramener ces fous scientifiques à la raison. Qu'il ait fallu à A. Wiles 200 pages incompréhensibles au commun des mortels, après 350 ans d'échecs de la profession, ne leur est d'aucun enseignement. Ils continuent à se croire élus pour l'exploit suprême : une dizaine de pages de calculs taupinaux, et ils s'imaginent, grandioses, être arrivés à le démontrer, ce théorème de Fermat ! Pauvres mathématiciens : eux qui aiment tant s'isoler des trivialités du monde usuel, les voilà happés, réinsérés dans la trouble cité par l'intermédiaire de ses ambassadeurs les moins intéressants.

Rien qu'à l'enveloppe – manuscrite, épaisse, sans en-tête d'université –, Amédée Belteny devina ce qui l'attendait dedans.

«Vous allez voir, cria-t-il à ses collègues (la scène se passait dans la salle où se trouvent les casiers destinés à recevoir le courrier professionnel), vous allez voir. Je parie que c'est encore une pseudo-démonstration de Fermat.»

Si Belteny claironnait ainsi son malheur, ce n'était pas pour attirer la compassion, mais l'admiration. La notoriété d'un mathématicien se mesure au nombre de «démonstrations» qu'il reçoit ; elles prouvent que son nom a atteint le grand public. Si hautain soit-on, le suffrage de la plèbe fait plaisir. En clamant son infortune, Belteny faisait savoir à ses collègues qu'il entrait dans la catégorie des mathématiciens réputés.

Comme il n'était pas encore une vedette, Belteny ne voulut pas laisser sans réponse la lettre d'un inconnu qui s'adressait à lui. Il se donna la peine de lire la démonstration. Les procédés élémentaires dont usait l'auteur ne lui laissaient aucune chance d'être parvenu à ses fins, mais ses notations alambiquées exigèrent un travail long, inutile, ennuyeux, temps perdu d'avance, pour débusquer l'erreur. Belteny répondit sans excès de politesse. Ménagez ce genre de correspondant ? Il vous accable de nouveaux envois !

Belteny respirait, comme on fait après s'être débarrassé d'une corvée. Son soulagement fut bref. Peu après, deux nouvelles «démonstrations du théorème de Fermat» arrivaient dans son casier ! Accablé mais scrupuleux, Belteny lut et répondit rudement à ses correspondants que leurs erreurs étaient flagrantes.

Les deux renvoyèrent aussitôt des démonstrations «améliorées», qui l'atteignirent le même jour que trois autres démonstrations dues à trois nouveaux amateurs. Décidément, songea Belteny, la récente attribution d'une médaille par le CNRS lui apportait un véritable renom. Plus qu'il n'aurait cru. Il ne manqua pas de flamber auprès de ses collègues. Moins connus, ceux-là ne recevaient que la ration moyenne promise à tout mathématicien : deux envois par an, guère plus.

Quant à lire les démonstrations, cette fois, non. Tout honneur s'accompagne de corvées, soit, mais il y a des limites ! Les remords éprouvés par Belteny pesèrent peu à côté du soulagement de ne pas s'imposer ces pénibles lectures. Sans même accuser réception à ses correspondants, il exposa leurs œuvres sur le tableau d'affichage, où personne ne les regarda plus de trois secondes. Même élémentaires, les mathématiques sont longues et difficiles à suivre. Quand on est certain *a priori* que la démonstration est fausse et que son auteur est un paranoïaque tenace, on ne se mêle pas de l'affaire si on n'y est pas forcé.

Malheureux Belteny ! Il payait cher sa renommée. C'est en effet tous les jours, maintenant, qu'il recevait des démonstrations ! Jusqu'à dix d'un coup, parfois. De tous les coins de France et de l'étranger, en français ou en anglais, manuscrites ou tapées sur de vieilles machines, ou composées maniaquement sur traitement de texte, par courrier normal ou électronique, par fax, mais toutes dues à des amateurs inconnus, les démonstrations affluaient vers lui.

À ce harcèlement diluvien s'ajoutaient les sarcasmes des collègues. Ils tenaient leur revanche, eux qui n'avaient pas la gloire de Belteny.

«Lis-les donc, sois large d'esprit, disait l'un. Comment peux-tu être sûr qu'il n'y en a pas une de juste, par hasard, dans le tas ?

– Moi, quand on m'écrit, je réponds toujours», susurrait un second.

Et un troisième : «Si les singes dactylographes finissent par taper *Hamlet*, pourquoi tes correspondants, ô Belteny, ne pourraient-ils pas tomber sur une démonstration exacte ? Ils ne sont pas plus bêtes !

– Tu ne veux pas m'engager comme secrétaire, demandait le quatrième ? J'ai besoin de papier pour allumer le feu dans ma cheminée.»

Cependant, vint un moment où même les plus lourdauds des plaisantins cessèrent de taquiner Belteny. Le flot continuel de démonstrations dans son casier était trop bizarre. Il ne témoignait plus de sa notoriété, ni même de quelque plébiscite populaire. L'affaire devenait trouble, irrationnelle, inquiétante. Trop, c'est trop. Belteny fut alors traité en pestiféré. Tombant en dépression nerveuse, il prit un congé longue durée sans donner d'autre instruction qu'une interdiction formelle de faire suivre son courrier.

L'hypothèse de quelque vengeance personnelle habilement concoctée contre Belteny fut en général admise pour expliquer le mystère. Explication paresseuse et qui n'expliquait rien du tout ! Car un jour, sans crier gare, le phénomène changea d'ampleur. Cette fois, il n'y eut plus seulement une victime, mais autant que de mathématiciens dans l'université de Belteny. Tous se mirent à recevoir, venant de tous les pays, des «démonstrations» à foison.

Et cela se produisit dans toutes les universités ! Par milliers, des pseudo-démonstrations du théorème de Fermat aboutissaient jusqu'au casier du plus petit mathématicien de la plus petite université perdue dans la plus petite province. Le courrier professionnel, noyé dans ce courrier parasite, finit par ne plus parvenir à ses destinataires. Les mathématiques furent paralysées. La production mondiale tomba de 250 000 théorèmes annuels à quelques centaines. Faux pour la plupart, mais qu'importe : personne n'avait plus la tête à s'en servir.

Le désœuvrement gagna les mathématiciens. Même Belteny, du fond de sa maison de repos, sentit passer ce vent désolant. Du coup, il se décida à sortir de sa tour d'ivoire, et même – ô trivialité ! – à acheter un journal quotidien. Il tomba sur un long article du ministre de l'Éducation nationale. Ce dernier se félicitait de la politique menée par la France depuis quelques années, et qui servait désormais de modèle au monde entier. En particulier, les efforts pour rendre populaires les mathématiques étaient couronnés d'un plein succès. Par dizaines, par centaines, par milliers – que dis-je, par centaines de milliers – écrivait le ministre, emphatique, les clubs d'amateurs s'attaquaient aux problèmes les plus retors de cette exaltante discipline, et en remontraient même aux professionnels. Le ministre citait élogieusement le célèbre Belteny. Redevenu amateur (dans sa maison de repos, les mathématiques n'étaient plus pour lui un métier, mais juste un passe-temps), il avait réussi à prouver le théorème de Fermat en quelques pages à peine, et avait envoyé sa démonstration, remarquable de simplicité, à ses anciens collègues.

En lisant cette absurde calomnie, Belteny se réveilla brutalement. Ouf ! Tout cela n'était qu'un cauchemar. Mais un cauchemar qui prouve au moins une chose, songea-t-il une fois bien réveillé ; c'est que les mathématiques, il ne faut pas les donner à tout le monde. Elles sont réservées aux heureux élus.

Il se leva réconforté, et prit le chemin de son université. Là, dans son casier, l'attendait une enveloppe manuscrite, épaisse, sans en-tête...

Sources

Paroles mathématiques, in *L'inactuel*, n° 5, «Matière», Calmann-Lévy, 1996.

La trente-septième décimale, in *L'inactuel*, n° 6, «Mensonges, vérités», Calmann-Lévy, 1996.

Sur les limites des mathématiques, in *L'inactuel*, n° 8, «Territoires, frontières, passages», Calmann-Lévy, 1997.

Paradoxe sur le professeur, in *Bulletin de l'Association des Professeurs de Mathématiques*, n° 392, février-mars 1994.

Contresens, in *Quadrature*, n° 10, septembre-octobre 1991.

Ethnologie, in *Gazette des Mathématiciens*, n° 67, janvier 1996.

Ouverture, in *Lettre de l'Institut de Calcul mathématique*, n° 4, octobre 1996.

Déluge, in *Lettre de l'Institut de Calcul mathématique*, n° 6, avril 1997.

Du meme auteur

Essais :

Les mathématiques pures n'existent pas !, illustrations de Michel Mendès France, Actes Sud, Arles, 1981 (nouvelle édition revue et augmentée, 1993).

Intelligence, passion honteuse, Le Félin, Paris, 1990.

L'intellectuel et sa croyance, L'Harmattan, Paris, 1990.

L'homme à lui-même, correspondance avec Jacques Ellul, Le Félin, Paris, 1992.

Des cailloux dans les choses sûres, chroniques, Éditions *Pour la Science* (diffusion Belin), Paris, 1997.

Recueils d'histoires :

Peu plausible mais vrai, Éditions du Choix, 1992.

La droite amoureuse du cercle, Éditions Autrement, Paris, 1997.

Ouvrage collectif :

L'Ennui, Éditions Autrement, Paris, 1998.

Pour enfants :

Les épinards, ça rouille ; *Le chocolat, ça craque* ; *Les œufs, ça brouille* ; *La soupe, ça chatouille* – tous les quatre aux Éditions Autrement Jeunesse, collection «Ratatouille», Paris, 1997.

Imprimé en France par Darantiere - N° d'impression : 00-0098
N° d'édition : P011-02 - Dépôt légal : mars 2000